锦西餐系列

完美西餐：
慢火烹饪事典

宋建良　著

中国纺织出版社有限公司

烹饪，就是探索食物的无限可能

不要以为你所看见、所尝过的食物，就只是眼前的样子，那些入口的味道都只是它的一部分而已。如果你不知道如何运用食材特性，就无法通过烹饪的魔法，呈现出它最美好的味道。烹饪，就是探索食物无限可能的饮食之道，当然，美好的味道可以不只有一种。

烹饪的首要任务，要从认识餐盘上的食材开始，当我们清楚食材的来源，甚至了解它在土地上生长的过程，一直到最后它如何成了你我的盘中餐，每个过程的参与都有不同的用心在其中，而这些对我来说是很珍贵的线索，也是从小在以农业为主的岛上被教育的真理：整个地球环境不断提供给身为厨师的我们美好而天然的资源。你累积的"味觉"资料库越多，创意便会越源源不绝地出现。

尝过宋建良（Fernando）料理的人，相信餐点一端上桌，从前菜、主菜到搭配主菜的手工酱料，甚至是甜点的设计与细节，都能深刻感受到他对于食材的用心与诚意。那种同样身为料理人都能够被感动的热忱，直至今日仍不断地创造出更多的可能。如今他的《完美西餐：慢火烹饪事典》出版，相信能带给许多入厨者生活的灵感，探索主厨桌里每道料理的味觉艺术，从而感受到另一种不同的生活况味。

西班牙分子厨艺名厨

丹尼尔·雷格尼亚
Daniel Negreira

"慢火"料理的味觉革命

烹饪是科学，也是艺术。技巧充满了科学，但每道料理的诠释和呈现，以及如何牵动味蕾和记忆的对话，绝对是艺术。

现代人的饮食不乏选择，但太多选择会令人麻木，期待感也会降低。当喜欢的食物从"期待"渐渐变得索然无味，最后连想起这道料理时的记忆点也开始跟着模糊，越来越难满足的食欲，犹如被困住的人生，需要"崭新"的味道，唤醒疲惫的生命力。我以为的美食，除了满足色、香、味条件下的五感，更多时候，是借由"料理"开始一场自我与味觉的探索。当然，也有人会认为每一次品尝堪称一次舌尖上的旅行，而每次的"旅行"将意味着到达新的"味觉景点"，那些记忆让我们在回味人生某些重要的片段时，赋予它独一无二的味道。

有一阵子，网络上充斥着美食的信息，手机一滑，美食、美图和老饕评论源源不绝，于是追随者朝圣般地前往当红的美食殿堂，想为乏善可陈的平凡生活找到一丝乐趣，但其中又有多少人能够在一探究竟的同时，了解每道料理的背后，厨师们所付出的努力与这道料理能够不被时间淘汰，在每季菜单更换时仍有它存在的位置，这绝非易事。而饕客们如何耐住性子，宁愿久候也要一尝的人气料理，在尝鲜后如何持续占据人心，经久不衰，这是许多厨师与经营者的难题，厨师需要理性与感性兼具，不仅在厨房内烹饪，还需要走出厨房寻找灵感与创意。

旅居国外多年，精通料理的宋建良（Fernando），便是身兼科学和艺术家的主厨，在创意的背后，有着坚实的厨技，当年他大胆引进源自阿根廷的"慢火"概念，赋予食物美味的灵魂，不管是一道慢熬的松露胡萝卜浓汤，还是厚实多汁的肉排佐上阿根廷特色酱料，食材挑选、处理、烹煮与摆盘，入口后富有层次的口感，都让人留下了深刻的记忆。如今他的《完美西餐：慢火烹饪事典》付梓，相信能为食欲干涸的饕客们带来崭新的观点和灵感。

作家 / DJ / 广播节目主持人

刘轩

在自家厨房制作出令人惊艳的美味！

如今做任何料理，网络搜索出来琳琅满目的结果让人怀疑"谁还会需要食谱书？"但"慢火料理"这四个关键字，成天被吃货们挂在嘴边，仿佛有种高深莫测的神秘感，总觉得是餐厅专业厨房的专利，但专精慢火料理的宋建良（Fernando）将这层面纱撕下，通过本书让我们明白原来"慢火"也可如此简单，在自家厨房就有可能制作出令人惊艳的美味。随便挑几道书中介绍的食谱试试看，让你端出来的菜品质量更上一层楼，立刻让你的朋友对你刮目相看。

GQ 国际中文版总编辑

杜祖业

"自然""简单""原味"，
令人一尝难忘的慢火料理

"时间发酵美味"，自小在阿根廷长大，旅居国外 26 年的宋建良（Fernando），将他所熟悉的"慢火料理"引进中国，在他的料理中实践"自然""简单""原味"的料理哲学，令人每每品尝，便重新定义对于"美味"的体验。

初遇 Fernando 与他的料理，讶异于他恰如其分的火候掌控与香料运用的功力。那令人一尝难忘的好手艺，唇齿间余韵回荡。那样的味道着实给我留下了深刻的印象，更何况初遇时他还年轻，却已有精进的烹饪厨技。所以毫不犹豫地邀约他加入台湾白帽厨师协会，期望能分享他与众不同的厨艺视野，交流间赋予创作的灵感与火花。或许我们无法亲赴阿根廷大啖美食，但尝过 Fernando 的料理就让我们感觉已身在阿根廷，满足大口吃肉，吮指回味的欲望。只能说那是一趟旅程，愉悦的味觉之旅。

听闻他的新作问世，无私地亲授这 26 年来融合异国料理的厨艺，让更多人能进一步深窥阿根廷的独特烹饪技法，只能说他的新作绝对值得收藏。通过食物的分享，感受料理的能量，收获一种令你意想不到的味蕾惊叹。

台湾白帽厨师协会会长

洪昌维

拿手，才能让料理恰如其分地美味

跟宋建良（Fernando）认识是由于一场赛事，而让我们开始这不解之缘的起点，说到底还是"料理"这件事。

当时很多人好奇，四位个性南辕北辙的厨师一起共事，究竟会碰撞出怎样的火花，而一个准备迎战全球性厨艺赛事的厨师团队如何短时间培养出默契？老实说，我也曾怀疑过，毕竟每个人来自不同的背景、经历，唯一拥有的共同特质就是对于"料理"的热忱，该如何依照每个人的擅长互补搭配，才能让团队增加胜率？这正好是我从 Fernando 身上看见的优点之一。

他总是充满想法，重点是这些想法需要有落实的执行力，这才知道，原来他除了厨艺的热忱与天赋之外，有条不紊的分析、敏锐的观察与规划，都来自于理工学院的学历背景，所以在他眼中"料理"这件事不能光有热情、创意，还要讲究"精准"，如何一入口就掳获人心？这绝不是单靠感性诉求，就能制胜的关键，而我们彼此都在这场赛事中，见识到对方的能耐，所谓"英雄惜英雄"应该可以用来形容我跟 Fernando 哥俩好的深厚情谊。

Fernando 的个性一向有着国外厨师的严谨、平衡、重视效率，每一道料理上桌，一看就知道插着他的旗帜似的，优雅中带着男人的豪迈，还没开动就已被眼前的视觉体验征服，五感获得满足，自然口碑爆棚。这些称赞都比不上你亲自翻开《完美西餐：慢火烹饪事典》跟着动手做，或到 Fernando 的"深法厨房"尝过要来得真实。期待这本书能给你和你的家人、朋友带来一场美好的餐桌体验，恋恋不忘的味觉，为你创造美味的记忆。

香港食神

何京宝

9

深获著名美食家一致肯定的
"世界厨神"

我所认识的宋建良（Fernando）自小随父亲移民至阿根廷，他是对料理极其讲究的人，在我第一次到他家里作客，他就从料理中崭露惊人的天赋。19 岁，他便在阿根廷开设了第一家个人餐厅，于当地掀起异国美食热潮。

旅居国外逾 26 年，精通南美特色菜、法国菜、意大利菜、西班牙菜等欧系料理，对各国食材与香料有深入的研究，如阿根廷人对牛肉的热爱，也反映在阿根廷的饮食上。阿根廷的国菜"Asado a La Parrilla"炭烤牛肉，当我第一次在 Fernando 的餐厅看到将新鲜牛肋排插在烤架上，以炭火慢烤，上桌品尝前再以海盐、胡椒稍作调味，保留自然牛肉的原味，佐上阿根廷特色香草酱。当天让我对炭烤牛肉留下味觉记忆，Fernando 的料理值得同为爱吃、爱美食的老饕们亲自体验。

听闻 Fernando 参加 2015 年世博会美食与时尚世界大赛，获颁"世界厨神"，深获著名美食家一致肯定，说是"台湾之光"一点也不为过。其所经营的 C'est La Vie European Cuisine 更掳获无数娱乐圈名流的味蕾，他独具的创意融合将料理的温度，调和香料及食材方式可以说是烹饪的艺术，美好且美味。在这本书里看到、学到的是他的独特品味。

近年来，我们越来越讲求多元食材及低温烹调的健康料理，而 Fernando "坚持原味"的料理哲学，更是呼应此种饮食风潮。希望爱美食的老饕们，能够通过本书享受 60 道慢火料理的美味。

实践大学推广教育部 餐饮教育顾问

张瑛珆

世界越快，心则慢！
越是重要的事情，越不要急，慢慢做！

　　认识宋建良主厨是心甚愉快的美事，宋哥总是不慌不忙，把每一件事情有条不紊地安排妥当，更是运筹帷幄地让每一位与会者都感受到被重视与参与度。而我必然得承认——宋哥的高情商，完全反映在他的料理上，不疾不徐，不愠不火，慢火烹制出最恰到好处的美味。不管是两只脚还是四只脚，鱼、虾、海鲜、肉品或者时蔬都难不倒宋哥，尤其是宋哥随兴所至的私厨料理，更是牢牢抓住我的心与胃。如果一定要吃美食而且要吃得精致，我非得向宋哥学厨房技巧才行！

　　比任何人都更期待这本著作问世，不能品尝宋哥手艺时，也能轻松在家里复制这套阿根廷传回来的好味道。集结中南美洲烹调料理手法，以及欧陆餐饮料理集大成的秘技，都详尽地记录在这本书中。从了解食材特性开始，加以适当的调理方式，恰到好处的温度与时间控制，带给自己与家人共享的美味生活。天天下厨的你若是自觉变不出新把戏，这本居家良方一定要仔细阅读。天天外食的你更要拥有这本秘籍，享受美食也要吃得到厨师用心烹调的精华。

　　美食疗愈的不仅是人心，更是迈向未来坚定步伐的补给站。

人气博主

郭宜亭 Choyce

纯粹，饶富美味的食尚

在漫长的人生旅途中，会有许多人在你的生命里留下足迹。你会认识很多的人，有些人来去匆匆，在"一期一会"的珍贵相遇后，随即各自奔向梦想的终点。有些人则会停下脚步，与你结伴同行去探索这个美妙的世界，而宋建良（Fernando）就像是我的人生导师，带领我在这样充满新鲜感、刺激感的厨艺世界里正面迎接一次又一次的未知挑战。

其实认识 Fernando 之前，追求艺术及美食就是我的生活重心。凡是在外头餐厅尝到喜欢的菜品，我就会在自家厨房反复实验、斟酌调味，务必复刻出最完美的比例。随着身体状态的变化，我意识到料理不能只是美味而已，养生更是不可或缺的元素，而坚持"原味料理哲学"的 Fernando 亦是如此。我们都认为饮食不单单只有技法考量，突显出食材的健康滋味才是料理的终极意义。与我亦师亦友的 Fernando，甚至带领我参加 2016 年马来西亚养生料理大赛。他对料理的追求，不仅激励我更精进原味料理技法，也使我更靠近纯粹而美味的艺术殿堂。

寻究食材真味，享受不断激荡的厨艺火花

犹记得第一次见到 Fernando，是通过厨神宝哥的介绍。那时的我极度渴望开拓自己的厨艺视野，特地报名参加"中国好味道"大赛。为了提升自己的烹饪技艺，宝哥热情地将 Fernando 介绍给我认识。他对于分子料理的独到见解，千百次练习后依然毫不改变的耐心，都让我对他敬佩不已。更重要的是，在 Fernando 的协助之下，我也获得了 2016 年"中国好味道""厨艺创新金牌奖"——我人生中的第一枚金牌。

我所认识的 Fernando，是一位爽朗、和善、博学多闻的厨艺名师，他总是孜孜不倦地追求各种料理技术，熟悉所有食材的特性。当然，他也是我认识过最懂得烹饪牛肉的厨师。此生有幸与他学习，是我这辈子最大的收获，在此诚挚地希望所有的读者都能因本书而受益。

食疗系料理家

沈曼江

"世界级饕客"的美食交会

认识宋建良（Fernando）许久，称他为"世界级饕客"可是一点都不为过。Fernando 爱吃、懂吃，擅于烹饪欧陆料理，对于料理经更是说得头头是道，让资深吃货的我也甘拜下风。记得在一场私人派对里，有位前辈介绍我与 Fernando 认识。原以为只是"以美食会友"的惬意聊天，但 Fernando 对料理技法的精深认识让我惊艳万分。小至烹饪温度的掌控，食材间的化学反应，大到各地餐饮文化层次，无论何时碰面，"美食"永远是我俩不变的共同话题。

我跟 Fernando 一致认为"烹饪是科学的艺术"。他不像坊间厨师习惯遵循老师傅传承的菜谱，而是秉持研究精神，反复调整温度、时间，塑造出料理的最佳状态。即使是一道简单的红酒炖洋梨，我跟 Fernando 也能玩得不亦乐乎！在料理过程中不断颠覆传统技法，尝试以科学原理、各层面实验出风格新奇、质感绝佳的料理，对我跟 Fernando 来说，就是最棒的生活体验。

Fernando 是一位令人安心的厨艺前辈，无论何时何地，他都能以严谨的研究精神，一遍遍端出质感顶尖的料理，同时试出新风格。Fernando 的料理永远不会让人失望，相信这本书也能带给你无穷的厨艺信心与灵感。

深夜里的法国手工甜点创办人

刘启任 Rick

为美食而生，一"尝"夙愿

回想每一次的烹饪，都是一趟旅程，那些熟悉的味道都是记忆，非常美好的记忆。

离开台湾到阿根廷的时候是 12 岁。当时是为了陪着做了 25 年公务员的父亲逐梦，12 岁的青涩还不懂得一个中年男子的梦想，需要多大的勇气。当下无法理解那股说走就走的冲动与任性，只是一个念头的取舍，举家就此迁往完全陌生的异乡，直到我成长到能够作梦的年纪，这才终于了解父亲当时的决心。

父亲运用自己仅有的，爷爷所传承的酱油制作技术在阿根廷创业，父亲在当地虽然有些朋友，但毕竟初来乍到，在人生地不熟的状况下，能获得的资源有限。前面 10 年很辛苦，只是为了养家糊口，之后才慢慢地做出些成果。在我的眼里，我的父亲是一个很认真的人，我有时会觉得他是个披着商人外皮，但骨子里仍旧是公务员的人，他觉得很认真地做一件事情，应该会有一定的成果出来。

我从父亲身上学到，人这一生，总是要不计后果地为自己任性地活一段，不管将会迎来哪种结局，至少不会徒留遗憾，好或坏都是梦想的代价。或许在我的身体里也同样流淌着冒险的血液，不甘于屈服现实。

烹饪对我而言，一直是不断检视不同阶段的自我的过程。通过料理，酸、甜、苦、辣、咸启动了一趟味蕾觉醒的旅程，从中国菜、南美特色菜、法国菜、意大利菜、西班牙菜的舌尖游历，一直到投入料理，用最短也最严苛的方式成长，15 岁半工半读，16 岁在简餐式的餐厅兼做内、外场工作，19 岁，当别人肆意地挥霍青春时，我在两个长辈鼓励与支持下，开了第一家个人餐厅。而两个合伙人一个 49 岁，一个年纪只比我大上五六岁，就这样，从第一家餐厅到现在的"M&F 深法厨房"，每间餐厅都有其不同的创意概念，而不管哪间餐厅，

Chef Fernando's
Cooking bible

唯一不变的还是"期望将最美好的味道，忠实呈现"，仍是我投入料理的初衷，26个年头过去了，有些现况被打破，展开新的格局，有些坚持仍旧顽固，因为择善固执仍是身为厨师的本职。

厨师与饕客，在"做"与"食"两者之间

厨师与饕客的角色转换，只是厨房与餐桌的场域，在烹饪时我也常想，如果食客尝到料理后会有什么样的感觉？好吃，或者凌驾于"好吃"之上，为生活带来更多的可能，那也许是满足之后带来心灵的慰藉，亦或能够蓄满面对人生的勇气，我总是相信"食物"能够为生活带来能量，所以烹饪时，只想一心一意奉献。

当然我也是个不折不扣的吃货，有时也会到人气名厨的店里亦或米其林名店"朝圣"，为的只是扩增自己的味蕾版图，如果说我时时刻刻工作狂热，倒不如说"不管在厨房里还是在餐桌旁，我都为美食而生"。在烹饪与饮食之间苦求着别人无法理解的完美境界，即使我仍觉得还是不够、不足，所以一刻不得停歇。认识我的朋友误以为Fernando的24小时总是比别人长，却不知道其实我流淌着来自于父亲的血液，总是花比别人更多更长的时间精进，为的只是想要认真地把事情做好、做足。

懂得等待，食物将回馈更好的滋味

食物通过烹饪，有了不同的味道，所以烹饪者必须找到方法，若说厨艺是另一门科学，一点也不为过。而这本书的出版，只是期望能带给你另一种享受食物的秘诀，知名饮食作家麦可·波伦以其著作《烹COOKED》所拍摄同名的纪录片里的名言："人类通过烹饪，找到证明优于其他动物，身为人的美好价值。"

让我们在美食的面前，暂且将尘世间纷扰杂沓抛诸脑后，如果下厨的片刻能让你忘却烦忧，那么下厨吧，慢慢品尝食物将要回馈给你的美好味道。

对的料理方式，
让你尝遍浓缩欧陆的极致美味

对我来说，"美食"是全世界共通的语言。"美味食物"不但能缩短人与人之间的距离，更是凝聚生活的关键。意大利人格外重视"价值感"，每一次用餐都是一场极致的灵魂飨宴。用餐时分，犒赏的不仅仅是味蕾，也滋润了身心。因此食材不是美味就行，需要使用小农自产自销的品种，才能体验当地泥土与雨水混杂的风味。选用时令蔬果，当季阳光便于舌尖恣意绽放。

相较于意大利人用餐的仪式感，法国人更着迷于时间赋予料理的生命感。自从意大利凯瑟琳公主远嫁至法国，法国人便不愠不火地慢磨细熬，提炼出所有美食家亦为之倾倒的"法式手艺"。在法国人的厨房里，"时间"是最急不得的要素，你得精选食材，一遍遍试出最棒的温度，耐心地浇淋肉汁……用双手慢慢将时光捏塑成一道道完美佳肴。

远在1万8千公里的阿根廷自不相同，对他们而言，"烹饪"就是一场大型派对。随兴在后院架起烤炉，挂上一整块厚实新鲜的牛肉，以慢火熏烤至油脂在火上滋滋作响……大家人手一杯啤酒或马黛茶，豪迈地饮酒吃肉，放肆一整个夏日时光，用美食记录生命中最欢愉的时刻。

用米其林美味 享幸福食光

　　意大利人在乎食材，法国人重视时间，阿根廷人随兴自在的烹饪方式……这些正是我热爱的料理细节。我认为在烹调的过程中，"聪明享受"是绝对必要的关键。只要懂得辨识肉质特性、挑选部位，你就能用对的方式、正确的火候、精准的时间，烹调出你朝思暮想的米其林美味。

　　除了认识食材特质之外，聪明的调味及烹饪方式也能将食物个性发挥到最完美的境界。台湾多数的坊间食谱里，总会尽可能地避开"适量""少许"等字眼，深怕烹饪过程中出现任何差池。但在外国食谱中，他们总不厌其烦地强调"随你喜欢"或"加到自己喜欢的味道"。因为滋味是极度私密的评判标准，只要依凭个人经验慢慢添加调味料，那么你端出的料理，就是任何人都无法复刻的"专属你自己的味道"。

　　那么烹饪方式呢？炖煮不只是炖煮，将食材香煎上色后再入锅熬煮，肉汁精华充分融进汤汁里，细火慢熬的锅煮料理也能好吃到让你咬舌头。远距离80°烧烤，随着油脂窜升的火焰让牛肉多了烧烤的香气及焦黄的色泽。

　　如果渴望手作料理却又贪恋日常中所剩不多的个人时光，就试试慢火烘烤跟舒肥法吧！中午将猪肋排放入舒肥机加热，晚上就能享用鲜嫩多汁的乡村猪肋排。只要设定好温度及时间，关上烤箱门，14个小时过后，餐桌上就会出现连阿根廷人也赞叹不已的慢烤牛腹肉。在等待的过程中，你可以到球场挥洒汗水、看几场好电影，尽情享受人生的各种色彩，回家后再慢慢享用亲手烹调的美味料理，"聪明享受、快乐生活"，祝各位胃口好。

目 录 Content

第一章 料理器具篇——探索主厨的厨房
Cooking Basics-Kitchen
Utensils and Cooking Methods

第二章 美味，从下刀开始算起——肉品部位解析
The Secret of Ingredients

第三章 前菜 & 汤品 Appetizer & Soup

第四章 经典排餐 Row Meal

第五章 欧陆料理 European Main Dish

第六章 炖饭·意大利面·三明治
Risotto · Pasta · Sandwich

第一章

料理器具篇——
探索主厨的厨房

Cooking Basics–Kitchen
Utensils and Cooking Methods

一、烹饪器具准备
Cooking utensil preparation

锅铲 Spatula

锅铲可用来翻炒食材，使其受热均匀，并有利于调合料理风味。硬度高的不锈钢铲便于翻炒食材；木铲及塑料铲可用于涂层锅具；硅胶铲具有弹性。可依照个人喜好选用习惯的锅铲。

平底锅 Pan

平底锅拥有大面积的平坦锅底，能全面有效地加热食物，适合翻炒、香煎等快速加热的料理方式。铁制平底锅拥有高导热性、高保温性、坚固耐用；铝制平底锅重量小，适合翻炒甩锅又不至于造成双手负担。建议选用深度较大的平底锅，能容纳较大尺寸的肉类食材，且能避免翻炒时食物飞出锅缘。

汤锅 Stockpot

具有一定锅深且底部平坦的汤锅，以隔水加热的方式烹调食物，适合炖煮各式料理。家用汤锅普遍以不锈钢材质制成，复合式金属材质让汤锅具备高度导热性，但不锈钢升温及冷却速度较快，烹调时须注意掌控温度。

调理机 Food Processor

调理机通常搭配多种配件，可调整速度以便处理各项食材。通常具有磨碎坚果、蔬菜切丝或切片、搅拌面团、搅打成泥等用途，以便加快烹调速度。

真空机 Vacuum Sealer

真空机可快速抽出空气，让容器保持密封状态。经过真空包装的食物不易流失养分，且保存期限较长。若真空包装的食物含有水分，会比干燥食物更易腐坏，建议尽快食用完毕，以免食物保鲜状态不佳。

舒肥机 Sous Vide

舒肥机又称为低温烹调机，是以隔水加热的方式烹调食材。事先须将食材真空包装以阻隔空气，再准备一个大水锅，将真空包及舒肥机放入烹调即可。舒肥机能全面而均匀地加热食材，且过程中也不会产出多余的油水。

ARTISAN

主厨刀 Chef's knife

主厨刀的尺寸一般20～25厘米，用途相当多元，其半弧形刀刃可以用来快速切丝、切碎末。宽扁的刀身有利于处理肉类材质，属于"万能款刀具"。

二、探索主厨的厨房 Chef's kitchen
—— 香料 Spices

罗勒 Basil

罗勒可分为甜罗勒、圣罗勒、泰国罗勒等品种。甜罗勒叶片带有甜香清凉的气息，经常被运用在意大利面等西式料理中。圣罗勒气味强烈，印度人会将其与咖喱一同拌煮。泰国罗勒气味类似丁香，是泰国、越南、柬埔寨人爱用的香料。

示范料理：

战斧猪排佐红酒甜洋葱酱、慢火猪肉三明治

牛至 Oregano

牛至的叶片呈现三角圆状，表面附有一层绒毛，闻起来拥有浓厚的木质森林香气，若生吃会有一股微弱的辛辣感。因为牛至的味道跟西红柿非常契合，厨师经常在铺满番茄酱的比萨表面撒上牛至，因此又被称作"比萨草"。

示范料理：

柳橙香草干煎鸡腿、美国牛腹肉三明治、意大利西红柿牛肉酱面

番红花 Saffron

番红花的花瓣呈紫色，之所以取名为番红花，是因为花朵里的雌柱头为深橘红色。番红花在不同的地区生产出不同的品种，原产于波斯的番红花传播至中国后，种植于西藏的品种称为藏红花，而在四川种植的品种则为川红花。

示范料理：

肩胛肋眼牛肉炖饭、乡村鸡肉炖饭

巴西里 Parsley

巴西里又称为"荷兰芹""欧芹""香芹"，气味温和清新，拥有类似芹菜的香味。原产于地中海的巴西里可分为扁叶及卷叶两个品种，扁叶巴西里被普遍运用在欧美料理中，卷叶巴西里的口感较不讨喜，多用于摆盘。

示范料理：

十谷沙拉饭、干煎鸡腿排佐阿根廷烤肉酱、巴西里牛肉焗烤土豆泥

月桂叶 Bay Leaf

月桂叶原产于地中海沿岸，椭圆形的叶片质地坚硬，用手撕开一角即可闻到甘草般的香甜气息。经干燥后的月桂叶会减少苦味，香气更加柔和。一般而言，厨师会将月桂叶与食材一同炖煮，待盛盘前取出即可。

示范料理：

松露胡萝卜浓汤、葡萄牙炖鸡腿、乡村蔬菜牛肉汤

匈牙利红椒粉 Paprika

匈牙利红椒粉是将各种红椒烘干、磨碎后，再按照所需比例调配而成的香料粉。匈牙利红椒粉外观鲜红而气味浓郁，不仅可以增加香味，还可以替料理添色。市面上的红椒粉可分为烟熏、非烟熏、辣味、不辣等多种款式，一般的西餐料理多以不辣的红椒粉为主。

示范料理：

慢火小羊腿、炭香乡村猪肋排、红酱鲜虾贝壳面

迷迭香 Rosemary

迷迭香原产地为地中海沿岸，在法国、意大利、西班牙、非洲北部等国家和地区都可见到它的踪影。迷迭香叶子细长，带有近似樟脑或是松树的气味，可以消除肉类或海鲜的腥味。

示范料理：

炭火纽约客牛排、皇冠小羊背排、舒肥炭烧菲力牛排

百里香 Thyme

百里香的叶片香气近似于麝香，因此又被人称作"麝香草"。百里香的气味温和，因此可为料理提香增鲜，却不会抢过主角的风采。而特殊的柠檬百里香带有木质香气，并混杂一丝柠檬味，适合搭配海鲜料理。

示范料理：

油渍圣女果、干煎鸭胸佐橙酱、红酒炖带骨牛小排

红葱头 Shallot

红葱头又被称作"火葱""大头葱"，原产于靠近地中海附近的西亚地区，后传入欧洲。欧洲餐饮界多以新鲜红葱头调味，而台湾传统小吃则偏好以油炸后的红葱头（即油葱酥）为主要调味。

示范料理：

油封鸭腿、乡村鸡肉炖饭、意大利松子柠檬宽面

八角 Star Anise

八角属于茴香家族，又称作"大茴香""八角茴香"。八角外型呈现海星状，一般有八个厚实的角，因此又叫"八角"。八角内含的挥发性茴香醛让它的气味强烈而浓郁，可以去除肉类腥味，也是中式五香粉的主要原料之一。

示范料理：

意式牛肉汤面、柠檬渍猪舌

三、探索主厨的厨房——Chef's kitchen
调味料和食材 Seasoning & Ingredients

01
橄榄油
Olive Oil

橄榄油是榨取橄榄果实而得的油品，原产于地中海沿岸国家，西班牙、希腊、意大利都是主要的橄榄油供应国。橄榄油可依照制作方法分成特级初榨橄榄油（酸价不超过0.8%）及初榨橄榄油（酸价不超过2%）等品种。酸价就是游离酸度，指油品经过时间、温度、氧化等因素影响后，橄榄油的脂肪酸会游离成为单体，提高油品酸度。而判断油品好坏的标准之一，就是检查其酸价程度。适合拌炒意大利面及海鲜料理，或制成沙拉蘸酱食用。

02
巴萨米克醋
Aceto Balsamico

地道的巴萨米克醋颜色深沉、味道酸香甜美，入口即有水果香味，亦可依照时间的陈酿塑造出浓稠质地。酿造12年或25年的即是摩德纳认证的巴萨米克醋。巴萨米克醋的制作工序繁杂，需要选用特定葡萄品种，经过高温熬煮后放入专用木桶陈放，等待时间将其发酵成味道柔滑的顶级醋品。

示范料理：
油渍圣女果、美国牛腹肉三明治、炖煮胡萝卜肉丸三色饭

03
松露酱
Truffle Sauce

松露属于真菌子实体，可分为黑松露与白松露。黑松露多产于法国及意大利，产季则为每年的1月到3月。白松露主要产于意大利北部，最有名的产地是意大利阿尔巴镇。产季为每年的10月到12月。西方美食家将松露、鱼子酱、鹅肝列为人间三大珍馐。市面上的松露酱多以黑松露混搭蕈菇及香料而成，可依照个人喜好选用习惯的口味。

示范料理：
松露野菇炖饭、松露土豆泥

04
盐之花
Flower of Salt

盐之花是盐中珍品，素来为顶级料理中作为细腻盐味调味的圣品。在海水蒸散后所得的结晶沉积至盐田底部前，海风会将表层盐花吹至盐田边缘，堆积而成的结晶体即是盐之花，外表呈现倒三角形结晶体。仅能以手工采收的盐之花没有接触泥土，因此滋味特别纯净，轻柔咸味中带有回韵无穷的芳香感。

示范料理：
经典排餐，例如舒肥炭烧菲力牛排等

05
炖饭米
Risotto

地道的意大利炖饭，是通过不断翻炒、添加高汤慢煨而成的料理。因为过程中需要不断煨煮，所以建议选用中梗米或短梗米，其中的高支链淀粉及低直链淀粉能让米粒在搅拌过程中吸收足够汤汁，而米心仍保有嚼劲。炖饭米有许多品种，中梗米卡纳诺利品质相当高，是不少高级餐厅主厨爱用的种类。短梗米艾柏瑞欧结构较为密实，产量稳定，是最被人熟知的炖饭米。

示范料理：
肩胛肋眼牛肉炖饭、松露野菇炖饭、乡村鸡肉炖饭

06
有机十谷健康粮
Organic 10 Mixed Grains

十谷米一般由燕麦、大麦片、小米、扁豆、黑糯糙米、红糯糙米、糙米、长糯糙米、野米、荞麦10种谷物所组成。其中的燕麦含有铁、锰等元素，糙米富含 B 族维生素及维生素 E，小米含有磷元素，扁豆含有高蛋白质。未经过度加工的十谷米拥有高纤维质及微量元素，是相当健康的主食类。

示范料理：
十谷沙拉饭

08
有机三色藜麦饭
Organic Quinoa Trio Rice

以三种藜麦搭配白米混合而成的三色藜麦饭，富含嚼劲。其中的白藜滋味清甜，红藜较有嚼劲，黑藜则口感Q弹。被称作"超级食物""印地安麦"的藜麦具有高纤、高蛋白、生糖指数低等特性，是近年相当受欢迎的健康食材之一。

示范料理：
炖煮胡萝卜肉丸佐三色饭

07
鲜磨黑胡椒粒
Peppercorn

黑胡椒是先采下成熟的胡椒果实，再以热水破坏其细胞壁，接着暴晒至果实萎缩即可。由于黑胡椒保留了果肉，因此气味浓烈，味道辛辣。

示范料理：
老饕猪排

鲜磨白胡椒粒
Peppercorn

白胡椒是将成熟果实放入水中长时间浸泡，"发酵"、软化外皮后"脱去外皮"再干燥而成。因为白胡椒去除果肉，所以香味较为细腻。

示范料理：
慢火带骨牛小排

四、各式料理法解析
The Way to Cook

01
真空法
Vacuum

特色

    真空设备可抽出空气并加压密封，形成无氧的环境。在真空状态下食物无法接触空气，能抑制细菌及微生物滋生，减缓食材腐坏速度，从而延长食物的保存期限。真空包装亦能够降低氧化速度，避免食材与氧气结合导致其营养成分流失。

    真空包装能阻绝外在干扰因素，为食物创造稳定的保存环境。在日常生活中，若以真空包装密封食物，能确保食材内含的水分不蒸发，可以有效防止食材久放所导致的干燥萎缩。若直接将食材放入冰箱冷冻，有可能因为温度太低让食材冻伤、脱水，如真空包装后再冷冻，能有效避免此问题。

料理关键：

1. 经真空包装后的肉品会呈现暗褐色，若拆封后就会恢复正常状态，呈现原本的鲜红色。
2. 不建议重复使用真空袋，以免包装材质老化导致食物不新鲜。
3. 需避免多次开关真空盒，以免水气渗入容器中令食物状态不佳。
4. 不建议真空包装产气食材，例如蒜头、洋葱、蘑菇等。
5. 不建议真空包装新鲜的叶菜类食材。

示范料理：
适合保存肉类及海鲜食材

02
舒肥法
Sous Vide

特色

　　舒肥即是"真空状态"之义，因此舒肥又可称为"低温真空烹调"。事先需将食物放入耐热真空袋中，再以稳定的低温长时间隔水加热，以保留食物的最佳风味。经舒肥后的蔬菜不会流失鲜甜原汁，肉类能保有饱满肉汁与软嫩感。若是筋多肉厚的食材，舒肥后一样能有香软滑口的口感。

　　舒肥法是以"精准温度"作为概念核心，因此在低温烹调过程中，食物不会过度收缩，能保留食材原汁并制造出柔嫩口感。隔水加热的方式能全面包裹食材，无论食材多大块，都能使食材内外熟度一致。由于是真空后再行烹调，可保留大多数的营养元素，也能避免过度加热导致食材体积缩水。在舒肥过程中无须添加过多油脂调味，也不会产生多余汁水，因此能吃到纯天然、不过度加工的纯粹风味。

料理关键：

1. 需搭配使用不含双酚 A 标志的耐热真空袋。
2. 舒肥时真空袋需完全浸泡在水中，以免食材受热不均。
3. 舒肥温度越低，则加热时间越长。
4. 建议一次制作大量料理，可放入冰箱冷冻贮存。食用时，可将冷冻真空包移至冷藏室解冻，再入锅香煎至表面上色即可。

示范料理：

适合各式料理

03
慢火烘烤法
Argentine 'Asador'

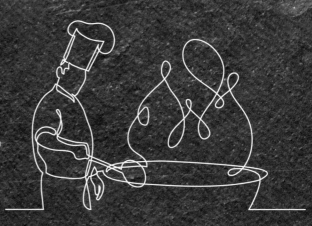

特色

　　"慢火烘烤"属于阿根廷的传统料理方法，是以空气加热的形式，低温长时间直火柴烧，提升肉品风味并保持软嫩口感，同时赋予食材浓郁的炭烤香味。一般而言，以高温煎烤食材时，食材内外容易受热不均，当外层因为高温蒸散过多水分时，内层却仍未熟透，因此多数人习惯拉长烹饪时间，却不知道这样做会令肉类流失过多水分，导致出现"外焦里生"的状况。

　　"慢火烘烤"即是打破这种烹饪困境，以常用温度 75～95℃ 慢慢烘烤肉类食材，并通过距离调整温度，保持低温以减少食材的内外层温差。在烘烤过程中，食材表面会缓慢脱去多余水分，而内部则刚好煮熟，因此能维持绝佳的湿润度及鲜甜度。长时间慢火烘烤，能够充分化筋，软化肉的纤维，让肉品尝起来柔嫩鲜美，是必生不可错过的经典美味。

料理关键：

1. 慢火烘烤可均匀加热食材，并充分保留鲜嫩风味，因此特别适合用来处理全鸡、牛腹肉、羊腿等大块肉类。
2. 待食材出炉后，建议入锅微微香煎，香煎过程中产生的美拉德反应能让食物更美味可口。

示范料理：
慢火牛腹肉、慢火带骨牛小排、慢火小羊腿

04
炭烤法
Grill

特色

　　"炭烤"是最原始的烹饪手法，通常会将食物置于网架上方，通过热辐射缓慢加热食物使其熟成。在烹调过程中，高温会产生美拉德反应，让食物表面紧缩硬化、生成褐色物质，赋予食物酥脆的烧烤外皮。高温亦能适时蒸散水分，彻底浓缩食物本身的鲜美滋味。当肉品逐渐加热至熟，脂肪会滴落至火焰里头，让食材带有微微焦香的烧烤气味。

　　在炭烤食材的时候，若以大火近距离烘烤，过多的热辐射会将食物烤至焦黑而无法食用。如以小火炭烤，无论距离远近，都会拉长烹饪时间，导致食材流失过多水分，肉质变得干硬难入口。建议以大火远距离烘烤，大火高温能加速美拉德反应，远距离炭烤则能避免将食物烤焦，且保留酥香软嫩的口感。

料理关键：

1. 建议先将木炭烧至灰白色、带有灰烬的状态，确保木炭足够热时再开始炭烤，方能创造金黄焦香的烧烤滋味。
2. 若希望食材带有诱人的烧烤纹路，就要等网架温度够高再开始炭烤。
3. 炭烤时切记勤翻面，以免食材受热不均或焦黑过老。

示范料理：
炭烤战斧牛排、炭火纽约客牛排、舒肥炭烧伊比利里脊肉

05
煎制法
Pan-Fry

特色

在煎制过程中，高温会使肉类蒸散水分，让锅中升起白烟。肉品中的氨基酸与还原性糖也会产生链结，经过一连串重组反应后产生褐色物质，赋予食物浓郁丰美的香气。这种料理方法被称作美拉德反应，厨师经常提及的"将食物煎至上色"就是如此。美拉德反应可使面包产生酥脆外皮，令烤鸡产生金黄可口的外表，迷人的热炒香气也是由此而来。

在煎制过程中，可以洒水辨识锅子是否够热。若锅温太高，水会立即蒸散至空气中。若锅温不够，水会摊平成一片。若锅温"刚刚好"，撒入锅中的水会变成一颗颗水珠到处跳跃，此时的锅温正适合香煎食物。

料理关键：

1. 入锅煎食物前，切记以厨房纸巾擦干表面，以免多余水分降低锅温，食材无法成功上色。
2. 建议先在食物表面抹油，油脂能滋润肉质并加快美拉德反应，让香气更浓郁。
3. 建议直接以大火煎食材，避免低温导致美拉德反应不足，食材无法有效上色。

示范料理：
柳橙香草干煎鸡腿、干煎鸡腿排佐阿根廷烤肉酱、秘鲁辣酱烤春鸡

06
炖煮法
Stew

特色

炖煮是以隔水加热的方式烹调食材。通常会先炒香蔬菜作为料理底料,再把肉类食材煎至上色,稍微加热的同时也能赋予食材焦香味。接着利用大量的高汤或清水没过所有食材、加入调味料,以适当的火候缓慢加热至食材酥烂为止。

炖煮后的蔬菜质地异常柔软,在加热过程中还会释放出天然甜味及淀粉质体,让汤汁尝起来香甜润稠。经高温烹调的肉类食材会彻底软化,其结缔组织、胶原蛋白、汁液全融进汤里,品尝起来饱满多汁,入喉即有一股芳香甘美的味道。

料理关键:

1. 建议统一食材尺寸,避免受热不均。
2. 建议先香煎肉类至上色后再行炖煮,能赋予料理深度及韵味。
3. 料理过程中须注意火候,若维持大火状态过久,食材将变得干硬难以入口。

示范料理:
法式奶香土豆浓汤、松露胡萝卜浓汤、乡村蔬菜牛肉汤

第 三 章

美

味，从下刀开始算起——
肉品部位解析

The Secret of Ingredients

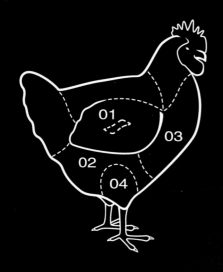

一、

鸡肉部位分解

Fresh Chicken Meat

[Meat Parts]

01 – 鸡肝 Chicken Liver
02 – 鸡腿排 Chicken Leg
03 – 鸡胸肉 Chicken Breast
04 – 鸡腿 Chicken Leg

01

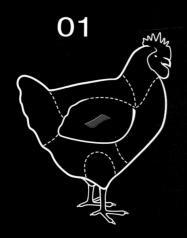

02

03

04

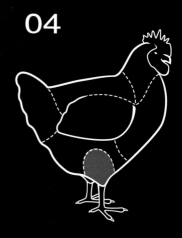

01

鸡肝
Chicken Liver

特色

　　鸡肝是鸡身上的肝脏部位，食用前需要完全切除周围的薄膜组织与胆囊，才能避免筋膜受热后卷曲变形，以及胆汁外流造成的苦涩味道。若事前准备及调味得当，其粉嫩滑顺的口感及馥郁的内脏香气都值得大胆一试。

示范料理：

面包佐鸡肝酱

02

鸡腿排
Chicken Leg

特色

　　鸡腿排属于鸡大腿部位，是位于棒棒腿上方的肌肉组织，又可称为"大腿排"。鸡腿排的肉质厚实多汁，若去除骨头后再行烹调，就能得到整体口感软嫩一致、鲜美多汁的鸡肉料理。

示范料理：

柳橙香草干煎鸡腿、干煎鸡腿排佐阿根廷烤肉酱

03

鸡胸肉
Chicken Breast

特色

　　鸡胸是位于鸡胸部处的两片肌肉组织，去除鸡胸骨与小里脊等部位后剩下的肌肉即是。此部位脂肪含量非常低，不带有肉筋薄膜，所以口感相当细嫩。

示范料理：

乡村鸡肉炖饭、柠檬鸡肉十谷饭

04

鸡腿
Chicken Leg

特色

　　鸡腿可分为由鸡腿排与鸡小腿组成的 L 形大鸡腿，以及去除鸡脚后的棒棒腿。棒棒腿属于鸡的小腿部位，运动量非常大，带有适量油脂与肉筋，因此口感弹牙、有嚼劲。

示范料理：

土豆烤鸡腿、葡萄牙炖鸡腿

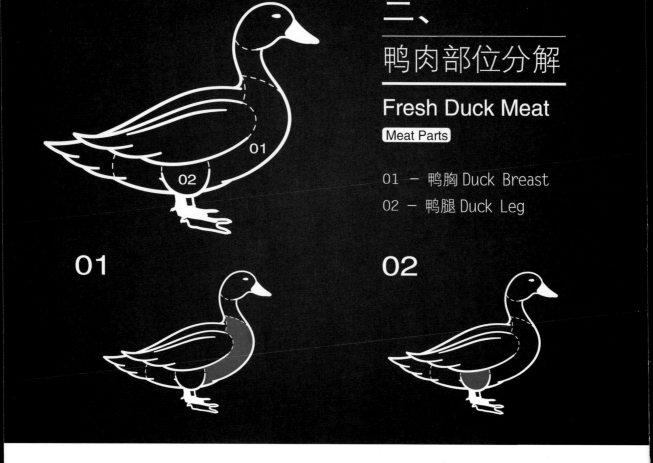

二、

鸭肉部位分解

Fresh Duck Meat

Meat Parts

01 – 鸭胸 Duck Breast
02 – 鸭腿 Duck Leg

01

鸭胸
Duck Breast

特色

　　将鸭胸骨去除后所得的肌肉组织，即是一只鸭身上仅有两块的鸭胸肉。此部位含有适当的油脂含量，几乎不带有筋膜且肉质厚实，因此烹调后格外鲜嫩多汁。

示范料理：

干煎鸭胸佐橙酱

02

鸭腿
Duck Leg

特色

　　鸭子运动量大，因此鸭腿肉较鸡腿肉结实、耐煮，特别适合低温烹调。鸭子的高运动量也连带提高了肉的含氧量，因此新鲜鸭腿肉的切面呈红色。

示范料理：

油封鸭腿

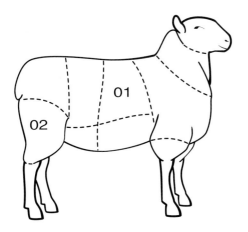

三、
羊肉部位分解
Fresh Lamp Meat
Meat Parts

01 – 小羊背排　Lamb Chops
02 – 小羊腿　Leg of Lamb

01

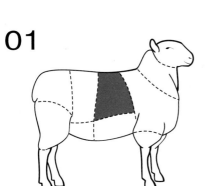

02

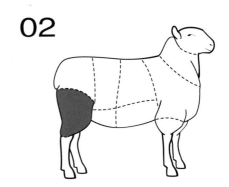

01
小羊背排
Lamb Chops

特色

　　餐厅里供应的小羊排，多为出生 5 ~ 6 个月的羊。此时的小羊已经断奶，以天然青草及谷物为主饲料，肉质呈现浅红色，带有浓郁的羊肉香味。而背排是指羊背部的带骨肉排，瘦肉与油花交错有致，风味相当鲜嫩腴美。

示范料理：
皇冠小羊背排

02
小羊腿
Leg of Lamb

特色

　　将小羊上臀部的臀肉去除后，即得到一条完整的小羊后腿。因为天然放牧长大的羊只运动量不小，因此这个部位瘦肉多、油花分布均匀，且带有少许肉筋，能尝到多重的羊肉美味。

示范料理：
慢火小羊腿

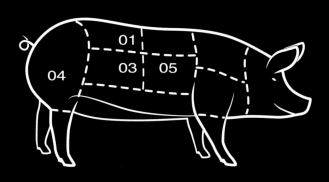

四、

猪肉部位分解

Fresh Pork Meat

[Meat Parts]

01 - 猪里脊 Pork Loin
02 - 猪舌　Pork Tongue
03 - 猪肋排 Pork Ribs

04 - 猪腿肉　Pork Leg
05 - 战斧猪排 Tomahawk Pork Chops
06 - 猪肋眼盖 Pork Loin End

01
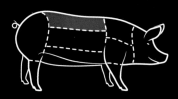

02
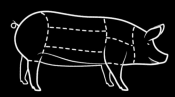

03
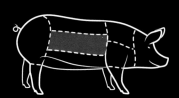

04
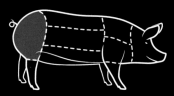

05
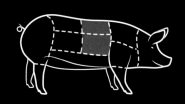

06
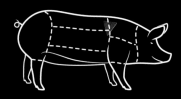

01

猪里脊
Pork Loin

特色

　　猪里脊又称为"腰内肉"，是位于猪脊骨下方，运动量最少的部位。猪里脊几乎不带肉筋，因此肉质特别鲜嫩。

示范料理：

舒肥炭烧伊比利里脊肉

伊比利里脊
Iberian Loin

　　世界闻名的伊比利猪，其完整名称是伊比利黑猪，主要产自于西班牙西南部与南部。伊比利黑猪从小在户外放养，因此运动量较一般猪要大，体重也较轻。

02

猪舌
Pork Tongue

特色

　　猪舌顾名思义即为猪的舌头，表面通常带有一层筋膜组织。购买前可请商家帮忙刮除薄膜，以免烹调时筋膜卷曲导致整体受热不均。若处理得当，猪舌软嫩的质地也能惊艳美食家的味蕾。

示范料理：

油封猪舌、柠檬渍猪舌、茄汁炖猪舌

03

猪肋排
Pork Ribs

特色

　　猪肋排是猪肋骨延伸至背脊之间的肌肉组织，通常是一大块与肋骨相连的猪瘦肉，因为此部位油脂含量适中，所以口感相当多汁，还能享受到啃骨边肉的特别感受。

示范料理：

炭香乡村猪肋排

04

猪腿肉
Pork Leg

特色

　　猪腿肉是自后腿上方延伸至臀部的肌肉组织。此部位运动量较大，肌肉纤维稍短，油脂含量较低，瘦肉多而肉筋少，因此口感较为结实耐嚼。

示范料理：

慢火猪肉三明治

05

战斧猪排
Tomahawk Pork Chops

特色

　　战斧猪排是沿着猪肋骨切出来的肌肉组织，通常带有大里脊肉与猪肋排肉。此部位肉质相当厚实，还能一次享受到两种不同的猪肉口感，成为近年的猪肉界"新宠"。又因为外观形似斧头，因而得名为"战斧猪排"。

示范料理：

战斧猪排佐红酒甜洋葱酱

06

猪肋眼盖
Pork Loin End

特色

　　肋眼盖又称为"上盖肋眼"，是位于猪肩膀与里脊部中间的肌肉组织，外观呈现片状三角形。一头猪仅能取出两块肋眼盖，因此也被称为"老饕猪排"，是最鲜嫩的猪肉部位，拥有如大理石般的油花与柔软的口感。

示范料理：

老饕猪排

伊比利肋眼
Iberian Ribeye

　　伊比利猪会在冬季食用大量的橡木果实，橡果内含的油酸让猪肉尝起来具有浓厚的木质坚果香气。而猪肋眼位于猪肋骨与背脊中间，油脂含量较高且油花分布相当均匀，因此伊比利肋眼拥有鲜美的肉质与明显的"伊比利猪肉香"。

Pork

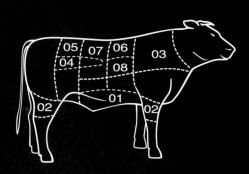

五、

牛肉部位分解 Fresh Beef Meat

Meat Parts

01 – 牛腹肉 Brisket

02 – 牛大骨 Beef Bone

03 – 肩胛肋眼 Chuck Eye Roll

04 – 菲力 Tenderloin Steak

05 – 沙朗 Sirloin

06 – 肋眼 Ribeye Steak

07 – 纽约客 New York Strip

08 – 牛小排 Short Ribs

01

02

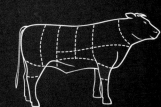

03

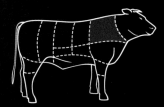

04

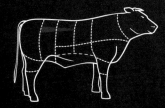

05

06

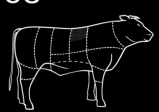

07

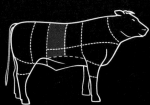

08

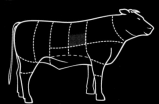

01

牛腹肉
Brisket

特色

　　牛腹肉又可称作"牛腩"，是位于牛腹部、靠近牛肋骨处的肌肉。牛腹肉外型呈长条状，经过适当修整可除去多余的表面脂肪与筋膜。此部位的肌肉纤维较粗，带有紧实的肌肉组织与适量的油脂，肥瘦各半的口感相当好。

示范料理：

慢火牛腹肉、美国牛腹肉三明治、慢火牛腹肉茄酱意大利面

02

牛大骨
Beef Bone

特色

　　市面上的牛大骨多取自牛的前小腿或后小腿。肉贩通常会将牛大骨分切成尺寸较短的圆柱状以利后续烹调。如此熬汤时骨髓便会慢慢融进汤里，让汤品散发出浓厚的鲜美气味。

示范料理：

乡村蔬菜牛肉汤

03

肩胛肋眼
Chuck Eye Roll

特色

　　肩胛肋眼是位于牛后背、肩胛部上方的肌肉组织，此部位运动量较少，带有许多肉筋及油花，切面呈现一层肌肉、一层油花、一层肉筋的样貌，因此尝起来肉汁浓郁且相当有嚼劲。

示范料理：

肩胛肋眼佐奶油牛肝菌酱、肩胛肋眼牛肉炖饭

04

菲力
Tenderloin Steak

特色

　　菲力是里脊肉，位于牛前腰脊部，因此又被称为腰内肉。每头牛的身上仅有4千克的菲力。此部位运动量相当少，因此几乎不含油花，但肉质相当细嫩柔软，是牛肉中最为鲜嫩的部位。

示范料理：

舒肥炭烧菲力牛排

05

沙朗
Sirloin

特色

　　沙朗是后腰脊肉，位于牛后腰脊两侧（恰好在菲力上方处）。此部位的肌肉运动量不小，肌肉纤维较短，虽然油花分布均匀但油脂含量少，因此口感略有咬劲。沙朗的侧边通常带有一层肥肉，烹调时尽量将其煎熟，以免口感过于油腻。

示范料理：

炭烧和牛沙朗

06

肋眼
Ribeye Steak

特色

　　将牛身上第3~5根的牛肋排取下后去骨，即是俗称的肋眼。位于肋骨侧的肋眼牛排富含油脂，其分布宛如大理石花纹般细腻均匀，是牛肉中嫩度仅次于菲力的部位。而肋眼又可分割出上盖肉（俗称老饕牛排）及肋眼心，是广受欢迎的牛肉部位。

示范料理：

慢火肋眼牛排

07

纽约客
New York Strip

特色

　　纽约客是前腰脊肉，位于牛的前腰脊处，此部位运动量较肋眼部位多，油花分布适中且均匀，油脂含量大概介于肋眼及菲力之间。因此，纽约客尝起来口感紧实、肉味浓郁，且带有适度的牛肉油脂香。

示范料理：

炭火纽约客牛排

08

牛小排
Short Ribs

特色

　　牛小排是指位于牛第6~8根肋骨下方，向腹部延伸进去的肌肉组织，因此市面上的牛小排可分为带骨与不带骨两种形式。此部位带有不少脂肪纹路。富含肉筋的特性让牛小排尝起来口感较为扎实。

示范料理：

慢火带骨牛小排、红酒炖带骨牛小排、法式牛小排佐羊肚菌菇酱

第三章

前菜 & 汤品
Appetizer & Soup

巴萨米克醋源于北意大利的蒙迪纳，相传是一位酿酒工人将葡萄酒遗忘在酿酒桶里，其发酸的滋味却异常美妙，从而成就了这款经典的醋。讲究的巴萨米克醋甚至可根据酿造桶的木质（如杜松木、橡木、樱桃木）区分出不同的种类。以红酒醋调味能赋予番茄浓郁的果香及红酒香，配合橄榄油的润滑感，即使步骤简单也一样很美味。

油渍圣女果
Marinated Tomatoes

食材		基本做法	分量：1 人份
圣女果	150 克	**1.** 将圣女果洗净，擦拭干净后对半切。	
蒜末	25 克	**2.** 在碗中放入圣女果及蒜末，倒入巴萨米克醋与橄榄油，撒入百里香拌匀。	
调味料		**3.** 烤盘内铺上烘焙纸，放入做法 2 并铺平食材，圣女果的切面需朝上。	
巴萨米克醋	40 克	**4.** 烤箱预热后，150℃烘烤 1.5 小时（每半小时需转盘一次）。	
橄榄油	150 克		
百里香	12 克	**5.** 再转 100℃，烘烤 1.5 小时（每半小时需转盘一次）。	
器具		**6.** 取出后晾凉，装在密封容器，放入冰箱冷藏即可。	
烤箱			

小贴士

1. 橄榄油的特性是 10℃以下即结冻，因此将油渍圣女果放入冰箱冷藏后取出，表层将结成冻状，只要置于室温 20~30℃自然又会恢复原先的状态。

2. 若喜爱蒜味的人不妨在料理中多添加蒜末，能产生浓郁的蒜香。

3. 如果希望大量制作此道料理，其中的巴萨米克醋不用等比例添加，只要确保圣女果都有裹到酱汁即可。

4. 可按照个人喜好于盘中点缀百里香，搭配长棍面包及奶酪丁食用。

香菜，原产于地中海地区，依据《博物志》记载："张骞使西域还，得大蒜、番石榴、胡桃、胡葱、苜蓿、胡荽。"其中的"胡荽"即是香菜的古称，由此可见香菜也是横跨中西文化的传奇香料。这道酱渍虾仁以鲜甜白虾、爽脆红洋葱及香菜为主，佐以鲜绿的墨西哥辣椒，兼具提味增色之效，让清新的酱渍虾仁入口韵味无穷。

酱渍虾仁
Marinated Shrimps

食材		基本做法	分量：3 人份
带壳白虾	15 尾	**1.** 将带壳白虾剥除虾壳，洗净后沥干备用。	
红洋葱	1/2 个		
西红柿	1 个	**2.** 把虾壳放入锅中，煮开 2 分钟后滤掉壳，并留下汤汁。	
香菜	半把		
墨西哥辣椒	1 根	**3.** 用做法 2 的汤汁水煮白虾，煮开 2 分钟后捞出沥干，晾凉备用。	
调味料		**4.** 红洋葱去皮切丝，加入少许盐腌渍 10 分钟；西红柿洗净后去皮切丁；香菜切碎；辣椒洗净后去籽切末。	
盐	少许		
柠檬汁	5 个		
番茄酱	4 匙	**5.** 把做法 3 与其余食材及调味料混合拌匀，即可食用。	
芥末酱	1/2 匙		
白胡椒粉	少许		
柳橙汁	1/2 个		
水	200 克		

小贴士

1. 用煮完虾壳的汤再次煮鲜虾，能够大幅增加鲜甜风味。

2. 先以盐稍微腌渍洋葱丝，可去除多余水分，成品口感不易软烂。

3. 添加半颗柳橙汁能中和酸味，让这道料理更加可口。

莳萝别称"茴香仔""洋茴香",是起源于印度的香料。其香气近似于茴香,却更具有清凉感及辛辣感,深受法国、英国、德国、荷兰等餐饮界人士的热爱。这款舒肥渍菜以莳萝叶、月桂叶、香菜籽等调味,能完整提升食材蕴含的大地香气,佐以味道清淡的白醋腌渍,更能展现蔬果温雅的质地。

舒肥渍菜
Sous Vide Vegetables

食材		基本做法	分量: 1人份
小黄瓜	100 克		
胡萝卜	100 克		
小白萝卜	100 克		
红甜椒	100 克		
去皮蒜仁	100 克		
四季豆	100 克		
莳萝叶	8 克		
姜片	5 克		

1. 在锅中倒入水及白醋,加入盐及糖,大火煮开约 4 分钟,即成渍菜汁。

2. 洗净小黄瓜后切成条状;胡萝卜洗净后去皮切条;红甜椒洗净后去籽切条,将小白萝卜与四季豆洗净。

3. 将所有食材及调味料放入密封罐里,倒入渍菜汁。

4. 放入舒肥机,60℃烹调 2 小时后取出。

5. 晾凉后放入冰箱冷藏 1～2 小时,取出即可食用。

调味料

水	250 克
白醋	250 克
盐	15 克
糖	70 克
月桂叶	4 片
香菜籽	5 克
白胡椒粒	5 克

小贴士

1. 将蔬菜放进渍菜罐前不能带有生水,以免腐败变质。

2. 尽量将蔬菜扎实塞入罐中,外观较赏心悦目。也可依个人喜好放入适量香草籽调味。

3. 舒肥法烹调蔬菜能快速断生并保持爽脆口感。一般渍蔬菜需 2 个星期的腌渍时间,舒肥渍菜待凉后当天即可食用。

器具

舒肥机
密封玻璃罐
汤锅

玛萨拉酒属于加烈葡萄酒，酒精浓度高达 15% ~ 20%。传说在 1773 年英国商船停靠西西里岛时，商人 John Woodhouse 尝到一款当地酒 Perpetuum，其柔滑香甜的滋味令人为之倾倒，随后 John Woodhouse 便将其带回英国，成为风靡一时的玛萨拉酒。这款培根菠萝卷以玛萨拉酒调味，带有酒香、微微焦化的菠萝能中和培根咸度，让人百吃不厌。

培根菠萝卷
Bacon Rolls with Pineapple

食材		基本做法		分量：1 人份

食材

菠萝	20 克
培根	1 片

调味料

无盐黄油	20 克
威士忌	5 克
玛萨拉酒	30 克
枫糖（蜂蜜亦可）	30 克

器具

平底锅
烤箱

基本做法

1. 将菠萝去皮，切成长条状，备用。

2. 取平底锅，放入无盐黄油，中火香煎菠萝至外表呈现微微的金黄色。

3. 倒入威士忌及玛萨拉酒炝锅。

4. 加入枫糖调味，大火煮至收汁，取出晾凉备用。

5. 将培根铺在砧板上，放入菠萝条，卷起。

6. 把做法 5 放入烤盘，烤箱预热后，150℃烘烤 10 分钟后取出，即可食用。

小贴士

1. 将食物放入烤箱烘烤前，将培根切口朝下摆放，避免培根片散开。

2. 此道培根菠萝卷热食、冷吃皆宜。

3. 可依个人喜好，在培根卷上方插上迷迭香枝装饰。

猪油网又称为"网油"，是裹附在猪肚周围、外观呈现网状的一层脂肪。中餐厨师经常以猪油网包裹食材后入锅油炸，保护食材不因高温而焦黑，待食材炸至酥脆时，猪油网便融化地无影无踪。在西餐界，同样可用猪油网当作外衣，让食材上色均匀。软嫩的沙朗肉片、浓郁的奶酪、酸香的西红柿丁组合的三重美味交响曲，即刻在你的舌尖上跳跃。

牛肉卷
Beef Rolls

食材		基本做法	分量：1人份

食材

沙朗肉片	80 克
火腿	1 片
莫札瑞拉奶酪	5 克
红甜椒丝	3 克
西红柿丁	5 克
猪油网	30 克

调味料

盐	少许
白胡椒	少许
巴西里碎	适量

器具

烤箱

基本做法

1. 在肉片表面撒上盐、白胡椒及巴西里碎，腌渍约 15 分钟。

2. 在肉片中间卷入火腿、莫札瑞拉奶酪、红甜椒丝及西红柿丁。

3. 待肉片卷好后，在外面卷上一层猪油网。

4. 烤箱预热后，250℃烘烤 30 分钟即可取出分切食用。

卷料步骤图解

小贴士

1. 建议以肉槌捶打牛肉片正反面，让牛肉彻底断筋后口感更柔软。

2. 可依照个人喜好装饰迷迭香。

鹅肝酱一向被美食家视为上品珍馐，随着近代养生观念的普及，欧美众多大厨也开始以鸡肝酱取代鹅肝酱，因此鸡肝酱又有"平民肝酱"的美誉。相较于国外风行的浸泡法及水浴法，我更偏好以炒制法带出鸡肝的独特风味。先以高酒精浓度的白兰地焗出香气，再以波特酒及玛萨拉酒增加鸡肝的醇厚度及甜美气息。最后添加百里香吊出内脏的微苦咸香，肥腴甘美的滋味绝对不容错过。

面包佐鸡肝酱
Chicken Liver Pate with Bread

食材		基本做法	分量：1人份
新鲜鸡肝	200 克	**1.** 将鸡肝洗净后彻底擦干，并小心切除筋膜；洋葱去皮切丁。	**切除鸡肝筋膜步骤图解**
洋葱	100 克		
法国长棍面包	1 条		
		2. 取平底锅，倒入少许橄榄油，放入洋葱丁炒香，加入百里香翻炒均匀。	
调味料			
橄榄油	少许	**3.** 放入鸡肝后中火爆炒，倒入白兰地、玛萨拉酒及波特酒焗锅。	**爆炒鸡肝图解**
百里香	2 枝		
白兰地	5 克	**4.** 放入无盐黄油、盐及白胡椒粉调味，并将所有食材翻炒至熟。	
玛萨拉酒	15 克		
波特酒	15 克	**5.** 取出后放入调理机内，高速搅打均匀后倒入容器内，放入冰箱冷藏 30 分钟即可取出。	
无盐黄油	100 克		
盐	10 克		
白胡椒粉	少许	**6.** 将鸡肝酱涂抹在面包上食用。	**搅打鸡肝泥步骤图解**

器具
平底锅
调理机

小贴士

1. 若害怕内脏香气过于浓郁，可在鸡肝酱内加入适量的酒渍樱桃或酒渍葡萄干，让果干柔化其质地，口感尝起来更甜美柔和。
2. 若想要添加酒渍樱桃或酒渍葡萄干，建议选用威士忌腌渍的种类。

十谷米一般由燕麦、大麦片、小米、扁豆、黑糯糙米、红糯糙米、糙米、长糯糙米、野米、荞麦 10 种谷物所组成，带有天然谷物香气与丰富口感。在十谷饭中加入新鲜时蔬丁能增加爽脆口感，佐以酒醋芥末酱更能提升整体层次，让舌尖萦绕清爽健康的滋味。

十谷沙拉饭
Ten-grain Rice with Salad

食材

十谷米（熟）	200 克
小黄瓜	25 克
四季豆	25 克
西芹丁	25 克
黄甜椒丁	25 克
洋葱丁	20 克
红甜椒丁	25 克
油渍圣女果	20 克

（请参考第 52 页）

调味料

盐	少许
芥末酱	5 克
6 年红酒醋	5 克
特级橄榄油	10 克
巴西里末	2 克

器具

电饭锅

基本做法

分量：1 人份

1. 先煮好十谷米，晾凉备用。

2. 小黄瓜洗净后切丁；四季豆洗净后汆烫至熟，切段。

3. 在碗中放入十谷米、做法 2 的黄瓜和四季豆与其余食材，加入盐调味并搅拌均匀。

4. 另取一空碗，放入芥末酱、红酒醋、特级橄榄油及巴西里末，全部拌匀即成酒醋芥末酱。

5. 将酒醋芥末酱淋在做法 3 里的食材上搅拌均匀即可食用。

小贴士

煮十谷饭时，建议添加比平时更少的水量，因为最后沙拉饭会拌入酒醋芥末酱，若米饭煮得过于软烂，吸附酱汁后口感不好。

土豆含有丰富的淀粉、纤维素、钠、钾、维生素 C 等营养元素，因此又被法国人称作"地下苹果"。相传大西洋渔夫经常以洋葱、土豆、时令海鲜炖煮成一锅好汤，这也是巧达汤的由来。相较于渔夫料理的随兴，这道法式奶香土豆浓汤更着重突显食材原味，拌炒过的洋葱散发出香甜滋味，搭配细绞成泥的土豆炖煮，入喉口感柔滑细致，绝对是冬日必喝的好汤。

法式奶香土豆浓汤
French Potato Soup

食材		基本做法	分量：2~3 人份
土豆	500 克	**1.** 土豆洗净后沥干，在中间轻轻划上刀痕；洋葱去皮后切丝，备用。	
洋葱	200 克		
小葱	适量	**2.** 煮开一锅水，放入土豆，煮约 15 分钟至熟（用针可刺透的程度），取出并沥干，去皮后备用。	
培根	1 片		
		3. 锅中放入洋葱丝与月桂叶，倒入鸡高汤，中火煮至软烂后关火，捞出月桂叶，晾凉后倒入调理机，将食材彻底搅打成泥。	
调味料			
干燥月桂叶	1 片		
鸡高汤	300 克	**4.** 在调理机中放入土豆与做法 3 的食材，稍微搅打即可。	
牛奶	适量		
盐	少许	**5.** 取汤锅，加入做法 4 及牛奶，小火煮沸，再加入盐、白胡椒、鲜奶油及无盐黄油调味。	
白胡椒	少许		
鲜奶油	适量		
无盐黄油	适量		
		6. 将小葱洗净后沥干，并切成葱花。小火干煎培根至酥脆，取出后连同葱花撒在汤品上即可。	
器具			
汤锅			
调理机			
平底锅			

小贴士

1. 土豆要煮至软烂，以免调理机打过久导致出筋、口感不佳。

2. 如果喜欢浓郁的土豆气味，可将土豆皮包入纱袋中与浓汤一起熬煮。

3. 可依照个人喜好调整浓稠度，若喜欢质地浓厚的汤品，可适度增加牛奶并减少高汤分量；若喜欢质地轻盈的汤，则多增加高汤比例、减少牛奶即可。

土豆产自于南美洲安地斯山脉，是支撑印加帝国的重要粮食。西元1531年西班牙人则将土豆引入欧洲大陆，因为欧洲人无法在漫长的冬季得到新鲜蔬果，而耐寒的土豆可长期保存，其中的维生素 C 更让欧洲人远离坏血病的威胁，从此土豆便一跃成为受欢迎的主食之一。将土豆捣成泥后拌入黄油更是极受欢迎的吃法，加入一点松露酱更是画龙点睛、口齿萦绕奇异芬芳。

松露土豆泥
Mashed Potatoes with Truffle Sauce

食材		基本做法	分量：1 人份约 400 克，可分成 3 人份
土豆	1 千克	**1.** 土豆洗净后沥干，在周围轻轻划上一圈刀痕。	
蒜末	25 克		
		2. 煮开一锅水，放入土豆，煮约 15 分钟至熟（用针可刺透的程度），取出后沥干去皮。	
调味料			
盐	1.2 克		
无盐黄油	200 克	**3.** 趁热将土豆捣成泥状，加入蒜末、盐、无盐黄油拌匀后放入盘中，装饰 1 匙松露酱即可食用。	
松露酱	1 匙		

器具

汤锅

小贴士

1. 在土豆周围轻轻划一圈刀痕后水煮至熟，再握住土豆头尾轻轻拧开就能成功去皮。切忌刀痕不能过深，以免去皮时连带去除过多果肉。

2. 餐厅做法通常会将土豆过一遍粗目筛网，接着再过一遍细目筛网，如此口感将更加绵密滑顺。

3. 可依个人喜好，撒上适量百里香装饰。

胡萝卜也称作"平民人参"，富含纤维素、蛋清质、钠、β-胡萝卜素等成分，无论在意大利时蔬酱料、英国胡萝卜蛋糕等皆可见到它的踪影。这道松露胡萝卜浓汤先将胡萝卜炒至出蜜，减弱了胡萝卜特有的土腥味，又搭配鲜奶油口感润泽，让人一尝难忘。

松露胡萝卜浓汤
Carrot & Truffle Soup

食材		基本做法	分量：3 人份
胡萝卜	500 克	**1.** 将胡萝卜洗净去皮，切成约 0.5 厘米厚的片；洋葱洗净去皮切丝；西芹洗净削去粗梗后切成段状。	
洋葱	150 克		
西芹	20 克		
		2. 在锅中倒入些许橄榄油，中小火放入胡萝卜片炒出蜜，加入洋葱丝炒香，再放入西芹段翻炒均匀。	
调味料			
橄榄油	少许		
鸡高汤	650 克	**3.** 倒入高汤没过食材表面，小火炖煮至收汁，晾凉后用料理机打成泥。	
干燥月桂叶	1 片		
百里香	1 枝		
盐	少许	**4.** 锅中倒入做法 3 与些许高汤，放入月桂叶及百里香，小火炖煮约 1 小时，加入盐调味。	
松露酱	1 小匙		
鲜奶油	少许		
		5. 在碗中放入些许松露酱，再倒入煮好的浓汤，依个人喜好淋上鲜奶油后即可食用。	
器具			
平底锅			
料理机			
汤锅			

小贴士

1. 煮好的胡萝卜浓汤打成泥状后，可依个人喜好倒入高汤以调整稠度。

2. 奶蛋素食者可选用蔬菜高汤制作此款料理。

3. 切忌以大火快炒胡萝卜丁，若胡萝卜过度焦化易使汤品发苦。

71

不像法国繁杂的吊汤步骤，阿根廷人偏好以随手可得的鲜蔬及牛骨炖汤。只要以细棉布过滤汤汁，就能尝到满溢牛肉香气却又清澈无比的牛肉汤。这道乡村蔬菜牛肉汤是阿根廷家家户户必备的平民汤品，拌饭拌面都相当可口。

乡村蔬菜牛肉汤
Beef & Vegetable Consommé

食材		基本做法		分量：3 人份

食材	
西红柿	1 个
洋葱	1 个
甜玉米	1 根
西芹	2 根
蒜苗	1 根
肩胛肋眼	350 克
牛大骨	2 根

调味料

干燥月桂叶	1 片
盐	适量
鸡高汤	2 千克

器具

汤锅

基本做法

1. 西红柿洗净，去蒂切丁；洋葱去皮切丁；甜玉米洗净，切段；西芹洗净，切丁；蒜苗洗净，切段；肩胛肋眼切成块状。

2. 将所有食材放入锅中，倒入月桂叶及高汤，大火滚开后再转中小火炖煮约 3 小时，加入盐调味后再用细棉布过滤汤汁。接着在盘中放入蔬菜及牛肉块，摆上牛大骨作装饰，即可食用。

过滤汤汁步骤图解

1

2

3

小贴士

1. 最后再放入盐调味，能调出最准确的咸度。

2. 将高汤倒入锅中时，高汤需没过食材约 5 厘米，有利于将食材精华炖煮进入汤品里。

第四章
经典排餐
Row Meal

于1837年创立的戴尔莫尼克餐厅，既是北美首间高档餐厅，也是拥有近200年历史的纽约传奇名店。当时戴尔莫尼克餐厅的主厨第一次将前腰脊牛肉烹调成牛排，其美味大受上流阶层欢迎，因此这道料理又被称作"纽约客牛排"。

炭火纽约客牛排
Charcoal Grill Striploin Steak

食材		基本做法	分量：1人份
带皮蒜头	5头	*1.* 将带皮蒜头拍扁，与纽约客、迷迭香、黑胡椒、盐、无盐黄油、橄榄油放入真空袋中，并真空处理。	
纽约客	250~300克		
调味料		*2.* 将真空袋放入舒肥机中，以55℃烹调牛排30分钟。	
迷迭香	2枝		
现磨黑胡椒	适量	*3.* 取出牛排并放在炭火台上，每面用中火轮流炭烤10秒钟，重复此过程2次后，放到旁边静置5分钟，切片后盛盘，蘸盐与黑胡椒即可食用。	
盐	少许		
无盐黄油	50克		
橄榄油	适量		

器具

真空机
舒肥机
日式炭火台（架上放铁网，底座放石头）

小贴士

1. 若没有炭火台，可使用平底锅用少许橄榄油煎至金黄，再加入真空袋内的酱汁调味即可。

2. 不建议使用不粘锅煎牛排，因为煎牛排的温度过高，易导致不粘锅损坏，且不利于食用者的健康。

战斧牛排外形犹如一把巨大斧头，英文称作 Tomahawk Steak，Tomahawk 即是印地安语的"斧头"之意。战斧牛排外观惊人，一根粗壮的牛肋骨连接两种牛肉，分别为肋眼与丁骨。炭烤后的战斧牛排一入口即是满满的肉汁，经过加热的骨髓还会渗出些许鲜美汁液滋润肉质，是嗜肉者不可错过的销魂美味。

炭烤战斧牛排
Charcoal Grill Tomahawk Steak

食材	基本做法	分量：1 人份

食材

战斧牛排 1 块

调味料

盐	适量
现磨黑胡椒	适量

〔澄清奶油〕

无盐黄油	500 克

器具

烤箱
日式炭火台
汤锅

基本做法

1. 在战斧牛排表面抹上盐与黑胡椒，烤箱预热后，90℃烘烤 4.5 小时。

2. 将战斧牛排放在炭火台上，加入适量〔澄清奶油〕，大火两面炭烤 1 分钟。静置 5 分钟，搭配盐一同食用。

〔澄清奶油〕

1. 锅中放入 500 克无盐黄油，以隔水加热方式加热至液态，倒入容器密封起来。

2. 放入冰箱冷藏约 20 分钟。

3. 拿出冷藏过的无盐黄油（呈现油奶分离状），用筷子戳一个洞，倒出底部的奶，留下的油即为澄清奶油。

煎战斧牛排步骤图解

制作澄清奶油步骤图解

小贴士

1. 无奶的澄清奶油不易腐坏、加热不易黑掉，只要放入冰箱冷藏即可保存 4～6 个月。
2. 可将剩余的"澄清奶油"拿来煎制海鲜与鸡蛋。
3. 可使用平底锅香煎取代炭烤做法。
4. 可依个人喜好在盘中装饰迷迭香、炭烤南瓜片与芦笋，可搭配阿根廷烤肉酱食用（阿根廷烤肉酱做法请参考 114 页）。

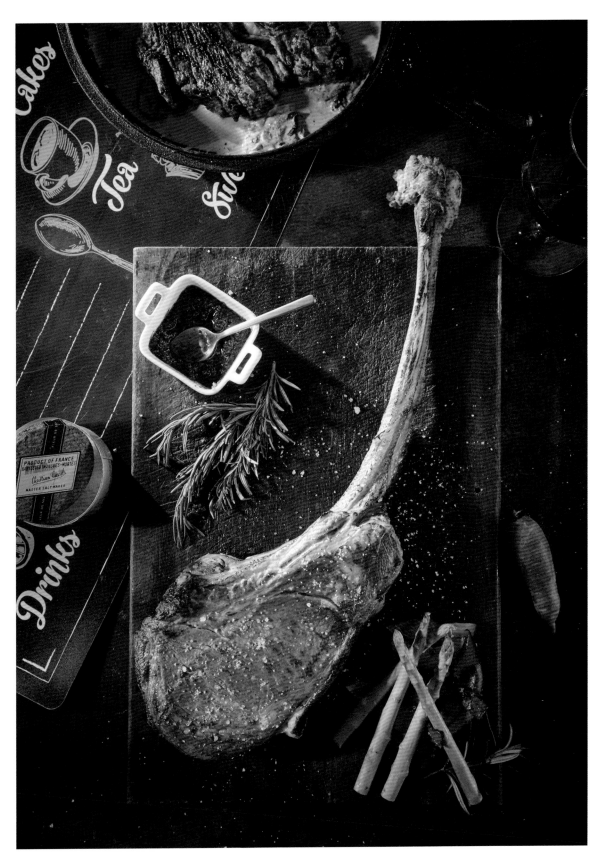

日本和牛可分为松阪牛、近江牛、神户牛、宫崎牛。其中宫崎牛更在 2017 年的"和牛奥林匹克大赛"中获得肉牛最高荣誉的"内阁总理大臣奖"，堪称是顶级的和牛代表。从宫崎牛身上取下的沙朗肉，其油脂呈现雪白霜花纹路，炭烤后馥郁的油脂香气随即在舌尖化开，是一生要享受一次的惊人美味。

炭烧和牛沙朗
Charcoal Grill Wagyu Ribeye Steak

食材		基本做法	分量：1 人份
沙朗肉	280 克	**1.** 将沙朗肉放在炭火台上，炭烤时每 30 秒翻面一次，随兴炭烤至喜欢的熟度。	
调味料			
盐	适量	**2.** 将烤好的沙朗肉放入盘中静置 5 分钟，切开后蘸盐及黑胡椒食用。	
现磨黑胡椒	适量		
器具			
日式炭火台			

小贴士

1. 因为沙朗肉油脂较多，建议吃五至六分以上的熟度较不腻口。

2. 建议将沙朗肉切成 1 厘米宽的厚度，口感较好。

伊比利里脊肉质柔嫩细致，经过加热后会散发出无比隽永的坚果香气。搭配迷迭枝的草本香气，坚果香、迷迭香、炭烤香组合成华丽和谐的味蕾圆舞曲，赋予舒肥炭烧伊比利里脊肉更加深邃融合的滋味。

舒肥炭烧伊比利里脊肉
Sous Vide Iberian Loin

食材		基本做法	分量：1人份
伊比利里脊肉	200 克	*1.* 用刀剔除伊比利里脊肉多余的油脂，切成骰子大小的块状。	

调味料

盐	适量	*2.* 将里脊肉块、盐、黑胡椒放入真空袋并真空处理。
现磨黑胡椒	适量	
迷迭枝	适量	*3.* 放入舒肥机，用 45℃烹调 20 分钟，取出后用厨房纸巾擦干表面。

器具

真空机

舒肥机

日式炭火台

4. 用迷迭枝串起肉块，放在炭火台炭烤，每 3~5 秒翻面至 1 分钟即可食用。

小贴士

1. 若无炭火台，可使用平底锅干煎；或用煎牛排铁板稍微炙烤，让猪肉表面产生烤痕以增添食欲及烧烤香。

2. 若煎锅温度太高，可以适时喷些柠檬水，既可降温又可增添清香感。

3. 用新鲜迷迭枝取代竹扦，能适度降低肉质的油腻感并提升整体香气。

4. 可依个人喜好搭配小西红柿食用。

伊比利猪拥有"猪中之王""猪肉界的劳斯莱斯"美誉，原产于西班牙南部及西南部地带。伊比利猪肉带有细腻如大理石般的油花，稍加烹调后入口便散发出浓郁的坚果香气，因此不建议使用黄油烹调伊比利猪肉，以免抢过猪肉的风采。

老饕猪排
Sous Vide Iberico Loin End

食材		基本做法	分量：1 人份
伊比利肋眼盖	250~300 克	**1.** 取出伊比利肋眼盖，用刀剔除筋膜，表面撒上盐及黑胡椒。	
调味料		**2.** 放入真空袋，并真空处理。	
盐	适量	**3.** 放入舒肥机，55℃烹调 30 分钟后取出。	
现磨黑胡椒	适量		
橄榄油	适量	**4.** 取平底锅。倒入少许橄榄油，每面约煎 2 分钟，取出并静置 3 分钟。	
器具		**5.** 牛排盛盘后可依个人喜好蘸盐及黑胡椒食用。	
真空机			
舒肥机			
平底锅			

羊肚菌菇

羊肚菌菇又被称作"羊肚菜""菌菇之后"，颜色呈深褐色，因为表面凹凸不平形似羊肚而得名。羊肚菌菇口感柔嫩而气味清香，是一种无法人工培育的野生蕈菇，产季相当短暂，喜欢在曾发生过野火的森林中生长。

小贴士

1. 伊比利猪肉属于红肉，不同于一般猪肉需烹调至全熟，五分熟才是正宗的老饕吃法。
2. 可依个人喜好，于盘缘淋上适量羊肚菌菇酱，并放入小西红柿作装饰（羊肚菌菇酱做法请参考第 110 页）。

菲力肉质极为软嫩且油脂含量少，所以相当适合舒肥烹调法。将舒肥完的菲力稍微炭烤后，牛肉会释出些许水分，此时撒入盐，会均匀融在表面，品尝时咸度正好。若在讲究的法式餐厅内，则会在牛肉上喷洒盐水，让整体咸度更加和谐。

舒肥炭烧菲力牛排
Sous Vide Tenderloin Steak

| 食材 | | 基本做法 | 分量: 1人份 |

食材

菲力牛排	170 克
芦笋	50 克
培根	1 片

调味料

无盐黄油	20 克
迷迭香	2 克
盐	少许
现磨黑胡椒	少许
盐	适量

器具

真空机
舒肥机
日式炭火台

基本做法

1. 将菲力牛排切块，放在炭火台上炭烤约 1 分钟。

2. 把无盐黄油、迷迭香与牛排放入真空袋并真空处理。

3. 放入舒肥机 35℃ 烹调 1 小时后取出。

4. 在牛排表面撒上些许盐与黑胡椒。放在炭火台边滚边烤至喜欢的熟度，取出并静置 5 分钟。

5. 芦笋洗净后擦干，用培根片卷起芦笋，放入锅煎熟。

6. 将牛肉块盛盘，撒上些许盐，搭配培根烤芦笋作配菜食用。

牛肉塑形步骤图解

香煎芦笋培根卷步骤图解

小贴士

1. 若希望烹调整块牛肉，做法 3 须调整成 35℃ 烹调 2.5 ~ 3 小时。

2. 可将迷迭香与牛肉绑在一起，帮助增加香气及塑形，再入锅煎至喜欢的熟度即可。

3. 可依个人喜好，搭配烤大蒜与烤西红柿食用。

"慢火烹调"是阿根廷人必备的料理方法，随兴的阿根廷人用完午饭后，会在后院架起炉子，把整串牛肉挂在烤炉上低温烘烤。待傍晚派对时分，再将牛肉取下后分切给亲朋好友享用。若改以家庭式烤箱烹调，只要注意烘烤的时间及温度，你也能轻松享受大口吃肉、大口喝酒的豪迈美味。

慢火牛腹肉
Argentine 'Asador' Style Brisket Steak

食材		基本做法	分量：1人份约 150 克，可切出 10~14 人份
牛腹肉	3 千克	*1.* 将整条牛腹肉切成 3 等份，表面刷 2 次老抽以便上色。	**炙烧牛肉图解**
调味料		*2.* 烤箱预热后，85℃烘烤 14 小时后取出。	
老抽	20 克	*3.* 将牛腹肉切成小块并剔除掉油脂部分，再放入锅中稍微干煎表面，切片即可食用。	
器具			
烤箱			
平底锅			

小贴士

1. 老抽的主要用途为增色添香，其内含的氨基酸成分还能引出牛肉的鲜美滋味，因此放入烤箱烘烤前请务必在牛肉表面涂抹老抽，方能创造出韵味无穷的慢火牛肉。

2. 3 千克牛腹肉经过慢烤、去掉多余油脂后，大概会缩水 30% 的重量，此为正常现象。

3. 可将步骤 3 改为炙烧做法。

肋眼即为肋排去骨后的牛肉部位，因为周围没有骨头，所以可均匀煎至上色。以慢火低温烘烤后的肋眼口感软嫩，二次香煎后产生的美拉德反应能让牛肉更富迷人香气。

慢火肋眼牛排
Argentine 'Asador' Style Ribeye

食材		基本做法	分量：1 人份 800~900 克，可切出 7~8 人份
肋眼牛排	6~7 千克	***1.*** 先用喷火枪快速且完整地炙烧牛肉表面，达到杀菌的目的。在肋眼牛排上撒盐及黑胡椒调味，烤箱预热后，60℃烘烤 8 小时后取出。	
调味料			
盐	适量	***2.*** 把澄清奶油放入铸铁锅中，中火煎肋眼牛排，每 30 秒翻面一次，重复 4 次，每一面约煎 2 分钟。	
现磨黑胡椒	适量		
澄清奶油	适量		
（做法请参考第 78 页）		***3.*** 夹出牛排，静置 5 分钟，切成片状后蘸盐及黑胡椒食用。	
器具			
烤箱			
铸铁锅			

小贴士

1. 煎完的牛排需放在上下透气的网架静置 5 分钟。若烹调完马上切肉食用，会施加过多压力、挤出牛排血水。静置 5 分钟可使内外温度平衡，食用时不会溢出过多血水且口感绝佳。

2. 可按照个人习惯，盘中装饰各种蔬果食用。

无骨的软嫩牛排一向是极受人们欢迎的餐食。不过带骨牛小排的美味同样令人着迷不已。以慢火烘烤而成的连骨肉鲜嫩无比，稍微炙烧后散发出浓郁芬芳的牛肉气息，无论豪迈手撕或优雅地分切食用，都是极其愉快的美食体验。

慢火带骨牛小排
Argentine 'Asador' Style Bone in Short Rib

食材		基本做法	分量：2 人份
带骨牛小排	700 克	**1.** 将带骨牛小排洗净后擦干，烤箱预热后，整块放入烤箱，90~100℃烘烤 1 小时。	**香煎牛肉图解**
调味料		**2.** 夹出牛小排，撒上适量盐与白胡椒，再放入烤箱，以 90~100℃复烤 3 小时。	
盐	适量		
现磨白胡椒	适量	**3.** 到第 4 小时将肉前后转（骨头的那一面永远朝下），继续烘烤 3 小时。	
器具		**4.** 用炙烧喷火枪稍微喷过牛小排每个面，直到肉略微收缩、发出香味。放入盘中静置 5 分钟后即可食用。	
烤箱			
炙烧喷火枪			

小贴士

1. 烤牛小排须将温度维持在 90~100℃，否则易影响口感。

2. 用喷火枪炙烧有杀菌作用，橘色火焰代表燃烧完全，因此用喷火枪的橘色火焰炙烧牛肉才不会有燃气味。

3. 也可按照个人烹调习惯，将做法 4 改为入锅香煎即可。

原本的红酒炖牛肉属于法国勃艮第的乡村炖菜，经由法国名厨奥古斯特·埃斯科菲耶推荐后，就成为家喻户晓的法国名菜。在慢火细熬下，浓稠的红酒酱汁包裹住牛肉块，滋味酥烂软糯、无比香甜。

红酒炖带骨牛小排
Braised Short Rib in Red Wine

食材		基本做法	分量：2 人份
带骨牛小排	700 克	*1.* 蒜头去皮切末；培根切块，备用。	
调味料		*2.* 在带骨牛小排表面抹上盐并蘸裹面粉。	
盐	适量	*3.* 取平底锅，倒入少许橄榄油，放入带骨牛小排，中火煎至外表金黄后取出。	
面粉	适量		
橄榄油	适量	*4.* 在锅中放入培根炒香，倒入红酒炝锅，加入其余调味料后大火煮开，再转小火煮 2 分钟，即成红酒酱汁。	
蒜头	20 克		
培根	30 克		
红葡萄酒	200 克	*5.* 在铸铁锅中放入煎好的带骨牛小排，倒入红酒酱汁，并盖上铝箔纸。	
百里香	3 枝		
鸡高汤	200 克	*6.* 烤箱预热后，150℃烘烤 4 小时后即可取出食用。	
西红柿糊	5 克		
无盐黄油	40 克		
干燥月桂叶	1 克		

器具

平底锅
铸铁锅
烤箱

小贴士

1. 市面上的带骨牛小排多以 3 根为 1 袋装，重量有 2～3 千克，本道食谱仅用 1 支带骨牛小排烹调。
2. 做法 4 滚煮红酒酱汁时，切忌从头到尾以同样火候煮食材，需视实际状况调整火候，待煮开后随即转小火煮 2 分钟即可。

这道皇冠小羊背排以先舒肥后烘烤的方式，创造出外酥内嫩的口感。香气馥郁的迷迭香能去除羊肉膻味，加热后的洋葱会释出水分，让原本就软嫩的小羊背排尝起来更加滋润鲜美，是宴客必备的佳肴。

皇冠小羊背排
Crown Roast of Lamb Chops

食材		基本做法	分量：4 人份

食材

小羊背排	850 克
洋葱	1 个
蒜末	20 克

调味料

迷迭香	7 克
盐	1 克
现磨白胡椒	1 克
橄榄油	25 克

器具

真空机
舒肥机
烤箱

基本做法

1. 将整颗洋葱洗净后去皮；大蒜去皮切末，备用。

2. 在小羊背排表面撒上迷迭香及大蒜去腥，抹上盐及白胡椒调味，再淋上少许橄榄油。

3. 取棉线及粗针，将左右两边的羊排骨缝起来，放入真空袋并真空处理。

4. 将做法 3 的羊排放入舒肥机，65℃烹调 3 小时后取出。

5. 在羊排中间空隙塞入 1 个洋葱，即成皇冠状。

6. 烤箱预热后，280℃烘烤 5 分钟至表面上色，取出盛盘即可食用。

小贴士

1. 在小羊背排中间放入洋葱，可以提升香气并保留羊肉的滋润度。若害怕羊肉有膻味，可于做法 5 中另取整枝迷迭香放在洋葱顶部，增加去腥效果。

2. 这份食谱是以 2 片小羊背排制作，因此无须额外撕除薄膜以利缝合，只要将 2 片羊排以针缝起即可。

3. 可依个人喜好搭配烘烤小西红柿食用。

孜然又可称作"安息茴香",据说是波斯人经由丝绸之路传至中亚一带的香料。与洋葱、辣椒、黄芥末、红糖等调合的孜然香料酱具有祛除腥味的作用,遇到高温便会充分释放出浓烈的香气,很适合与小羊腿搭配食用。

慢火小羊腿
Argentine 'Asador' Style Lamb Leg

食材		基本做法	分量: 6 人份
小羊腿	1 条	**1.** 先将小羊腿完整解冻。	
调味料		**2.** 取一支针,在小羊腿表面戳洞,帮助酱汁入味。	
洋葱粉	30 克	**3.** 将所有调味料放入碗中拌匀,即成孜然香料酱。	
蒜粉	70 克		
孜然粉	130 克	**4.** 在小羊腿表面抹上孜然香料酱,烤箱预热后,85℃烘烤 8 小时后取出即可食用。	
盐	80 克		
红糖	60 克		
辣椒粉	5 克		
烟熏红椒粉	120 克		
白胡椒粉	5 克		
黄芥末粉	5 克		
百里香	5 克		

器具

烤箱

小贴士

因为羊肉皮脂腺内含特殊的脂肪酸,所以不建议隔夜食用,以免腥膻味
过重,破坏了料理的口感。

百里香是相当万能的香草，无论是法式料理中的香草束还是美式料理巧达浓汤，都能尝到百里香的芬芳气息。耐于久煮的百里香香气幽长，而其中略带柠檬香气的柠檬百里能引出鸭肉鲜味，让料理清爽而余韵无尽。

干煎鸭胸佐橙酱
Pan Seared Duck Breast with Orange Sauce

食材		基本做法	分量：1人份

食材

带皮鸭胸	1 片

调味料

盐	少许
现磨黑胡椒	少许
橄榄油	适量
迷迭香	1 枝

〔香柠蜜橙酱〕

蒜头	1 瓣
煎完的鸭油	适量
柠檬百里香	2 枝
柳橙汁	300 克
蜂蜜	5 克
盐	少许

器具

真空机
舒肥机
平底锅

基本做法

〔香柠蜜橙酱〕

蒜头去皮切末，在锅中用剩余鸭油爆香蒜末及柠檬百里香，倒入柳橙汁、蜂蜜、盐，小火煮至收汁即成香柠蜜橙酱。

1. 将鸭胸洗净后擦干，在鸭皮表面划上刀痕。

2. 在鸭胸表面抹上盐、黑胡椒、橄榄油，撒上迷迭香，放入真空袋并真空处理。

3. 放入舒肥机，65℃烹调 1 小时后取出。

4. 取平底锅，倒入些许橄榄油，小火慢煎鸭胸，至鸭皮呈现金黄色即可。加入盐与黑胡椒调味，转大火煎 30 秒，将鸭皮彻底煎至金黄微酥的状态。

5. 保留锅中鸭油并取出鸭肉，放置一旁静置 5 分钟，再用斜刀轻切鸭肉表面。

6. 锅中放入香柠蜜橙酱及鸭胸（斜刀面需接触酱汁）煮至收汁即可。

鸭胸划刀痕图解

小贴士

建议保留香煎后的鸭油制作香柠蜜橙酱，既不会浪费天然食材，还能调出味道更和谐、与鸭胸相得益彰的酱汁。

白胡椒香味内敛而细致，搭配木质香气浓厚的牛至，不仅能平衡柳橙汁的甜度，还能赋予酱汁清新风味。将香草橙汁淋入嫩煎鸡腿内，酥嫩香滑的口感与酸甜气息相得益彰。

柳橙香草干煎鸡腿
Pan Seared Chicken Legs with Orange & Herbal Sauce

食材		基本做法	分量：1 人份
带皮去骨鸡腿	2 只	**1.** 将鸡腿洗净后擦干，表面抹上少许盐及白胡椒。	
柳橙汁	200 克		
蒜末	10 克	**2.** 把柳橙汁与蒜末、牛至、少许盐拌匀成香草橙汁，备用。	
调味料		**3.** 在锅中倒入些许橄榄油，皮朝下放入鸡腿肉，中火煎至金黄酥脆，再反面香煎约3分钟后取出。	
盐	1 克		
现磨白胡椒	少许		
干燥牛至	2.5 克	**4.** 锅中倒入香草橙汁，大火煮开约1分钟，鸡皮朝上放入鸡腿肉，转中火收汁即可盛盘。	
橄榄油	少许		
器具			
不粘锅			

小贴士

1. 可依个人喜好以纯柳橙汁调味，或以柳橙汁及柠檬汁各半调味。

2. 可搭配米饭或五谷饭，当作简餐食用。

3. 可依个人喜好在盘中装饰蟹味菇、西蓝花、柠檬片，并在鸡腿表面撒上萝卜碎叶或香菜苗，以增加料理的美观度。

第五章

欧 陆料理
European Main Dish

将猪肋排舒肥后再行烘烤，不仅肉质无比柔嫩，微微酥香的外皮更让人食欲大开。搭配以西红柿为基底的乡村猪肋排酱，浓郁酸香的滋味更能提出猪肉的鲜嫩口感，令人回味无穷。

炭香乡村猪肋排
Roasted Pork Ribs with Home Style Barbeque Sauce

食材		基本做法	分量：2 人份

食材	
猪肋排	550 克

调味料

老抽	10 克

[乡村猪肋排酱]

橄榄油	少许
洋葱丁	300 克
蒜片	40 克
西红柿丁	400 克
西红柿糊	20 克
番茄酱	15 克
鸡高汤	200 克
红葡萄酒	150 克
巴萨米克醋	150 克
百里香	5 枝
盐	1 克
黑糖	80 克
烟熏红椒粉	10 克

器具

平底锅
真空机
舒肥机
烤箱

基本做法

[乡村猪肋排酱]

取平底锅，倒入橄榄油将洋葱丁炒软，放入蒜片翻炒出香味，再倒入乡村猪肋排酱的所有材料，中火煮至收汁，备用。

1. 将猪肋排洗净，彻底撕除肋排上的筋膜，再用纸巾擦干肋排表面。

2. 把做法 1 放入真空袋里并真空处理。

3. 把真空袋放入舒肥机，80℃ 7 小时烹调后取出。

4. 用纸巾擦干肋排表面，表面重复刷上 2 次老抽。

5. 在猪肋排两面抹上乡村猪肋排酱，烤箱预热后，280℃烘烤 10 分钟，取出盛盘即可食用。

小贴士

1. 建议做法 4 再多刷一次老抽，有利于猪肋排上色。
2. 建议用厨刀或厨房剪刀剪去猪肋排的筋膜，后续烹调口感更佳。
3. 可依个人喜好，搭配炭烤芦笋培根卷食用。

去除猪肋排筋膜步骤图解

美食家誉为"蕈菇之后"的羊肚菌菇拥有奇异芬芳的气息，加入巴萨米克醋及蔬菜丁调成的酱汁尾韵圆融，搭配猪肋眼食用更能展现绝妙成熟的料理风味。

猪肋眼佐羊肚菌菇酱
Pork Ribeye with Morel Mushroom Sauce

食材		基本做法	分量：1人份

食材	
猪肋眼	500 克

调味料

盐	适量
无盐黄油	50 克
迷迭香	1 克
百里香	1 克
橄榄油	适量

羊肚菌菇酱

羊肚菌菇	5 颗
洋葱	250 克
西芹	30 克
胡萝卜	80 克
橄榄油	少许
红葡萄酒	50 克
鸡高汤	200 克
巴萨米克醋	300 克
糖	20 克
盐	1 克

器具

真空机
舒肥机
平底锅

基本做法

［羊肚菌菇酱］

1. 事先以水浸泡羊肚菌菇；洋葱去皮切丁；西芹及胡萝卜洗净后去皮切丁，备用。

2. 锅中倒入少许橄榄油，放入洋葱丁、西芹丁、胡萝卜丁，小火翻炒 8 分钟。

3. 倒入少许红酒炝锅，再加入高汤、巴萨米克醋及糖搅拌均匀，持续用小火收汁，直到用汤匙划起来，酱汁呈现流动性、有些微膏状的质地，再加入盐适当调味。

4. 滤掉蔬菜丁，放入羊肚菌菇加热即成羊肚菌菇酱。

［里脊排烹调 & 组装］

1. 将猪肋眼与盐、无盐黄油、迷迭香、百里香放入真空袋，并真空处理。

2. 把真空袋放入舒肥机，57℃ 40分钟烹调猪肉。

3. 取出猪肋眼并擦干多余水分，有助后续香煎。

4. 取平底锅，倒入少许橄榄油，中火将猪肋眼煎至表面金黄，翻面再煎一下，放入真空袋里的酱汁，煎至收汁即可。

5. 把猪肋眼放入盘中，取出锅中香草放置于表面，在盘缘淋上羊肚菌菇酱即可。

煎猪肋眼步骤图解

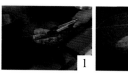 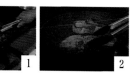

熬煮羊肚菌菇酱步骤图解

小贴士

1. 猪肋眼为带骨肉，又称法式猪排。仅有骨头边缘带油脂，用煎台煎太久易过干，以舒肥机烹调较能维持软嫩口感。

2. 在真空袋里无盐黄油要接触到猪排，才能让猪肋眼散发出焦香味，并防止肋眼变色。

3. 可依个人喜好，搭配舒肥渍菜及烤小西红柿食用。

法国人习惯以土豆作为主食，也因此变化出许多吃法。将黄油拌入薯泥中，加入蒜末让香味更浓烈。搭配舒肥牛小排，口感鲜嫩多汁，再淋入经典的羊肚菌菇酱，就是法餐界经典不败的珍馐美味。

法式牛小排佐羊肚菌菇酱
Short Ribs with Morel Mushroom Sauce

食材	基本做法	分量：1 人份

食材

材料1〔法式牛小排〕

无骨牛小排	360 克
菠菜	约 16 克
盐	适量
现磨黑胡椒	少许
橄榄油	少许

材料2〔蒜香土豆泥〕

1 人份约 400 克

土豆	1 千克
蒜末	25 克
盐	1.2 克
无盐黄油	200 克

调味料

羊肚菌菇	5 颗
洋葱	250 克
西芹	30 克
胡萝卜	80 克
橄榄油	少许
红葡萄酒	50 克
鸡高汤	200 克
巴萨米克醋	300 克
糖	20 克
盐	1 克

基本做法

〔羊肚菌菇酱〕

1. 事先以水浸泡羊肚菌菇；洋葱去皮切丁；西芹及胡萝卜洗净后去皮切丁，备用。

2. 锅中倒入少许橄榄油，放入洋葱丁、西芹丁、胡萝卜丁，以小火翻炒 8 分钟。

3. 倒入少许红酒炝锅，再加入高汤、巴萨米克醋及糖搅拌均匀，持续用小火收汁，直到用汤匙划起来，酱汁呈现流动性、有些微膏状的质地，再加入盐适当调味。

4. 滤掉蔬菜丁，放入羊肚菌菇加热即成羊肚菌菇酱。

〔蒜香土豆泥〕

1. 土豆洗净后沥干，在周围轻轻划上一圈刀痕。

2. 煮开一锅水，放入土豆煮约 15 分钟至熟（用针可刺透的程度），取出后沥干去皮。

3. 趁热将土豆捣成泥状，加入蒜末、盐、无盐黄油拌匀后放入盘中。

〔法式牛小排烹调 & 组装〕

1. 将无骨牛小排去除筋膜，撒上盐与黑胡椒。

2. 把牛小排放入真空机并真空处理。

3. 放入舒肥机，以 55℃烹调 30 分钟后取出。

4. 洗净菠菜，稍微汆烫后沥干备用。

5. 在平底锅中倒入少许橄榄油，热锅热油的方式煎牛小排，6 面约煎 30 秒，取出后放置一旁晾凉。

6. 5 分钟后，在餐盘底部淋上羊肚菌菇酱，摆入蒜香土豆泥，放入菠菜及牛小排，最后淋入少许的羊肚菌菇酱装饰即可。

器具
真空机
舒肥机
平底锅
汤锅

小贴士

1. 建议选用外观无破损的干燥羊肚菌菇，烹调前先用牙刷去除表面细沙，再用水浸泡即可。

2. 建议使用温水浸泡羊肚菌菇，既可加快泡发速度，也可借机清洗掉羊肚菌菇上头的细沙。

3. 切忌将羊肚菌菇切片，以免破坏其风味。

先以迷迭香去除肉腥味，再将舒肥后嫩度正好的战斧猪排放入锅中煎至外表金黄，在锅温下蒜头与黄油彻底释放出浓郁风味。搭配成熟圆润的红酒甜洋葱酱一起食用，风味更佳。

战斧猪排佐红酒甜洋葱酱
Tomahawk Pork Chop with Onion–Balsamic Sauce

食材		基本做法	分量：1人份

食材

战斧猪排	1 块
带皮蒜头	4 头

调味料

盐	适量
现磨黑胡椒	适量
无盐黄油	50 克
迷迭香	1 枝
橄榄油	适量

〔红酒甜洋葱酱〕

橄榄油	少许
洋葱丝	100 克
红甜椒丝	250 克
糖	15 克
盐	5 克
巴萨米克醋	100 克
鸡高汤	100 克
罗勒叶	25 克

器具

真空机
舒肥机
平底锅

基本做法

〔红酒甜洋葱酱〕

1. 取平底锅，倒入少许橄榄油，放入洋葱丝及红甜椒丝，加入糖及盐调味，将蔬菜炒软后倒入巴萨米克醋拌炒约 2 分钟。

2. 倒入高汤烧煮 10 分钟后关火，加入切丝的罗勒叶拌炒均匀，即成红酒甜洋葱酱。

〔战斧猪排烹调 & 组装〕

1. 以肉槌捶打战斧猪排，撒上盐与黑胡椒。

2. 将蒜头拍扁，与战斧猪排、无盐黄油、迷迭香放入真空袋并真空处理。

3. 放入舒肥机，以 60℃ 烹调 30 分钟后取出。

4. 平底锅倒入少许橄榄油，放入战斧猪排煎至表面金黄，倒入真空袋内的汤汁，煮至收汁。

5. 将猪排放入餐盘内，淋上红酒甜洋葱酱即可。

香煎猪排步骤图解

1

2

小贴士

若是第一次尝试烹调战斧猪排的料理入门者，可以先将骨头沿边取下，后续烹调较容易掌控熟度。

在嗜肉成性的阿根廷人眼中，阿根廷烤肉酱可是"国民青酱"，是一生必学的美味烧烤酱，其重要程度不亚于中餐里的"豆瓣酱"。在香煎至外皮金黄的鸡腿排内淋入酱汁，酥嫩口感搭配醇香酱汁，让人吮指回味。

干煎鸡腿排佐阿根廷烤肉酱
Pan Seared Chicken Legs with Argentine Chimichurri Sauce

食材

去骨鸡腿排	180 克
蒜头	3 瓣
柠檬皮	半颗

调味料

盐	少许
现磨黑胡椒	适量
橄榄油	适量

[阿根廷烤肉酱]

巴西里	30 克
蒜末	50 克
洋香菜叶	20 克
牛至	20 克
巴萨米克醋	75 克
特级橄榄油	200 克

器具

密封玻璃罐
平底锅

基本做法

分量：1 人份

[阿根廷烤肉酱]

1. 将巴西里洗净后沥干，剁成碎末。
2. 把蒜头去皮后切碎。
3. 在玻璃罐中放入巴西里碎末、蒜末、洋香菜叶、牛至、巴萨米克醋、橄榄油后混合均匀，密封后放入冰箱冷藏 2 天。
4. 待食材浸泡 2 天，取出即可使用。

[干煎鸡腿排烹调 & 组装]

1. 将鸡腿排与蒜头、柠檬皮、盐及黑胡椒腌制 2 小时。
2. 在平底锅中倒入少许橄榄油，鸡皮朝下放入鸡腿排，取干净的锅重压在鸡腿上。
3. 将鸡腿煎至表面酥脆后翻面，再煎至金黄后取出。
4. 将鸡腿排放入餐盘中，淋上阿根廷烤肉酱即可食用。

干煎鸡腿排步骤图解

小贴士

1. 建议先去掉过厚的鸡肉使其薄厚一致，并以肉槌将鸡腿排捶至松软，避免加热后肉筋收缩，导致鸡腿排受热不均。
2. 可依照个人口味，搭配烤南瓜片、烤西红柿、烤洋葱一并食用。

牧羊人派是英国农家菜，主要以羊肉泥烹调而成。随之演变的农舍派则以牛肉泥为主要材料。这种土豆肉派材料简单、做法轻松，以此延伸的欧芹牛肉焗烤土豆泥亦是如此。层层铺叠的奶酪搭配绵密的土豆泥，就着鲜醇牛肉泥一同品尝，滋味朴实温暖，是适合全家欢聚享用的料理。

巴西里牛肉焗烤土豆泥
Argentine Shepherd's Pie

食材	基本做法	分量: 1 人份

材料 1〔巴西里牛肉〕

橄榄油	少许
牛肉泥	200 克
洋葱丁	120 克
红甜椒丁	25 克
蒜末	30 克
黑胡椒粉	2 克
巴西里扁叶	15 克
糖	1.5 克
酱油	25 克
盐	少许
淀粉	适量
帕马森奶酪	适量

材料 2〔土豆泥〕

（请参考第 68 页）

土豆	1 千克
有盐黄油	100 克
鲜奶	100 克

器具

深煎平底锅

汤锅

烤箱

〔欧芹牛肉〕

1. 锅中倒入少许橄榄油，中火炒香牛肉泥。

2. 加入洋葱丁炒软，再放入红甜椒丁、蒜末及所有调味料（淀粉除外）炒熟。

3. 最后淋上些许水淀粉勾芡即可。

〔土豆泥〕

1. 将土豆洗干净，放入锅中加水煮熟，捞出并沥干水分。

2. 把土豆去皮，捣成泥状。

3. 在土豆泥中拌入有盐黄油，再倒入鲜奶拌匀。

〔烘烤 & 组装〕

取一个烘焙用深烤盘，放入巴西里牛肉，铺上一层土豆泥，上面撒些帕马森奶酪，烤箱预热后，280℃烘烤 15 分钟至上色即可。

小贴士

1. 若家中灶炉数量不足以同时烹饪，可以用湿纸巾打湿土豆，放入微波炉以强火加热 7～10 分钟，可取代水煮步骤、加快烹调速度。

2. 可依照个人喜好，表面酌量撒上巴西里末调味。

欧芹牛肉勾芡步骤图解

巴西里牛肉焗烤土豆泥以焗烤土豆、牛肉泥、蔬菜丁调味而成，口感丰厚扎实。在馄饨皮中包入肉泥馅烘烤至熟，金黄微酥的外皮包裹住味道浓郁的牛肉奶酪馅，让人一试上瘾。

巴西里牛肉饺
Deep-Fried Beef Dumplings

食材		基本做法	分量：1 人份

食材

大馄饨皮	2 大张
莫札瑞拉奶酪	3 克

［巴西里牛肉］

橄榄油	少许
牛肉泥	200 克
洋葱丁	120 克
红甜椒丁	25 克
蒜末	30 克

调味料

黑胡椒粉	2 克
巴西里	15 克
糖	1.5 克
酱油	25 克
盐	少许
淀粉	适量

器具

深煎平底锅
烤箱

基本做法

［巴西里牛肉］

1. 锅中倒入少许橄榄油，中火炒香牛肉泥。
2. 加入洋葱丁炒软，再放入红甜椒丁、蒜末及所有调味料（淀粉除外）炒熟。
3. 最后淋上些许水淀粉勾芡即可。

［巴西里牛肉饺］

1. 在饺子皮内包入一匙巴西里牛肉，以及少许莫札瑞拉奶酪。用叉子在包好的牛肉饺周围沿边压出花纹。
2. 烤箱预热后，220℃烘烤 5 ~ 8 分钟后取出，盛盘即可食用。

牛肉饺包馅步骤图解

小贴士

1. 若是喜欢炸物的读者，不妨以油温 160 ~ 180℃油炸 1 ~ 2 分钟，捞出后沥干即可食用，别有一番风味。
2. 包馅时建议在面皮周围抹上一圈水，有利于将饺子粘合紧密。
3. 每个牛肉饺的内馅约 35 克，1 人份约 2 个饺子，此道食谱的内馅分量约可制作 15 ~ 20 个饺子。

119

牛肝菌是四大名贵食用蕈菇之一，可分为红、黑、白、黄等四个品种。口感弹软微脆，富有山野气息。搭配奶油与洋葱丁细火熬煮，产生浓郁滑顺的滋味。将奶油牛肝菌酱淋入肥瘦相间的肩胛肋眼中，就能尝到入口即化的鲜醇嫩滑。

肩胛肋眼佐奶油牛肝菌酱
Chuck Eye Steak with Porcini Cream Sauce

食材

肩胛肋眼	350~450 克

调味料

无盐黄油	适量
盐	少许

〔奶油牛肝菌酱〕

洋葱末	1/4 个
鸡高汤	100 克
牛肝菌菇①	6 片
鲜奶油	150 克
盐	少许
黑胡椒	少许

器具

真空机
舒肥机
平底锅

基本做法

〔奶油牛肝菌酱〕

在锅中放入洋葱末炒香，倒入高汤后放入牛肝菌菇并煮至收汁，加入鲜奶油、盐及黑胡椒调味，即成奶油牛肝菌酱。

【肩胛肋眼烹调 & 组装】

1. 肩胛肋眼切成约 3 厘米宽的厚片状。
2. 将肩胛肋眼与无盐黄油及盐放入真空袋，并真空处理。
3. 放入舒肥机，以 55℃ 烹调 40 分钟后取出。
4. 先把平底锅烧热，放入肩胛肋眼煎约 30 秒，取出静置 5 分钟。
5. 将肩胛肋眼盛盘，淋上奶油牛肝菌酱即可食用。

分量：1 人份

煎牛肉步骤图解

1   2

① 牛肝菌菇
牛肝菌也称"石蕈""蘑菇之王"，为世界四大珍贵蕈菇之一。主要产于意大利、法国、波兰等地区。牛肝菌菇的菌伞多为深褐色，拥有雪白而粗壮的菌柄。闻起来带有烟熏味，并融合当地原林及土壤的芬多精香气。

小贴士

1. 舒肥完肩胛肋眼后，建议保留真空袋里的肉汁，并将肉汁与奶油牛肝菌酱的其余食材一同煮至收汁，如此风味更佳。
2. 可依个人喜好，在牛排表面撒上百里香装饰。

此道那不勒斯炸牛肉是以略带嚼劲的沙朗酥炸制而成的料理。经高温迅速油炸的沙朗内部仍保有鲜嫩多汁的口感，浓郁奶酪片已微微融化至金黄酥脆的外皮里，尝起来滋味浓郁鲜嫩，相当可口。

那不勒斯炸牛肉
Napoli Milanesa (Fried Steak)

食材		基本做法	分量：1人份
嫩角尖沙朗 （约200克）	1片	**1.** 将嫩角尖沙朗切成宽约1厘米的肉片，以肉槌捶打表面至肉质松软。	
鸡蛋	20克	**2.** 将嫩角尖沙朗放入盘中，淋上腌汁后放入冰箱冷藏30分钟。	
牛奶	30克		
面粉	适量	**3.** 把鸡蛋与牛奶混合均匀，备用。	
法国面包粉	适量	**4.** 取出腌渍好的肉片，先蘸裹面粉，蘸裹做法3，再裹上法国面包粉。	
火腿片	2片		
莫札瑞拉奶酪	2片	**5.** 起锅烧油，油温达到160～170℃将肉片油炸至外表金黄酥脆，捞出沥油。	

调味料

蒜末	5克	**6.** 把油炸肉片放入烤盘，铺上火腿片跟莫札瑞拉奶酪，烤箱预热后，250℃烘烤3分钟，取出即可食用。
巴西里末	5克	
柠檬汁	3克	
盐	少许	
黑胡椒	少许	

※ 将所有材料拌匀即成
　　腌汁。

器具

肉槌
炸锅
烤箱

小贴士

1. 法国面包粉颗粒较一般面包粉细致，且质地较硬。所以这道拿坡里炸牛肉的外壳也会较一般炸猪排口感酥脆。
2. 可依照个人口味，放上少许莎莎酱跟巴西里碎末调味。

这道做法简便的土豆烤鸡腿，是相当受欢迎的家常料理。只要摘下自家香草，与蒜末及粉状香料拌至均匀后抹入鸡腿表面，就能充分提炼出鸡肉的鲜嫩精华，与烘烤后绵密香甜的土豆相得益彰。

土豆烤鸡腿
Roasted Chicken Legs with Potatoes

食材		基本做法	分量：1人份
鸡腿 （约700克）	2只	*1.* 将迷迭香、巴西里、牛至切碎，备用。	
土豆	2个	*2.* 在碗中放入做法1，加入蒜末、盐、匈牙利红椒粉、辣椒粉搅拌均匀。	
调味料		*3.* 在鸡腿表面抹上橄榄油，再抹上做法2，放入冰箱冷藏2小时。	
迷迭香	1枝	*4.* 将土豆洗净后沥干，切成约3毫米的薄片状。将土豆片铺入烤盘，撒入盐及黑胡椒粉，淋上适量橄榄油。	
巴西里	18克		
牛至	18克		
蒜末	4瓣	*5.* 把腌制好的鸡腿放在土豆片上方，烤箱预热后，200℃烘烤40分钟后取出，即可食用。	
盐	适量		
匈牙利红椒粉	15克		
辣椒粉	适量		
黑胡椒粉	10克		
橄榄油	10克		

器具

烤箱

小贴士

1. 若习惯食用一般的土豆，需去皮后再行烹调。如果选用日本土豆则无须去皮，可以节省烹调时间。

2. 可依照个人喜好，在鸡腿表面酌量撒上巴西里末以调味增香。

这道葡萄牙炖鸡腿不同于澳门着重椰奶及香料的"土生葡国菜"，仅以鸡高汤与月桂叶作为调味基底，用来突显出洋葱的甜、西红柿的酸香、土豆的厚实绵密、鸡腿的鲜嫩。虽然用料简单，却是相当下饭的炖煮料理。

葡萄牙炖鸡腿
Portugese Style Chicken Legs

食材		基本做法	分量: 1 人份
三色米 （约80克）	1 杯	**1.** 电饭锅煮熟三色米，备用。	
洋葱	1/2 个	**2.** 洋葱去皮后切大丁；西红柿洗净后去皮切大丁；红甜椒洗净后去籽切大丁；土豆洗净后去皮切块，备用。	
西红柿	1/2 个		
红甜椒	1/2 个	**3.** 取平底锅，倒入少许橄榄油，放入棒棒腿煎至外表金黄，备用。	
土豆	1 个		
棒棒腿	2 只	**4.** 在锅中放入洋葱炒香，加入红甜椒丁翻炒均匀，放入西红柿丁及月桂叶，倒入高汤中小火炖煮15分钟，加入土豆块及棒棒腿煮熟，最后加入盐及糖调味后，即可盛盘搭配三色米食用。	

调味料

橄榄油	少许
月桂叶	2 片
鸡高汤	300 克
盐	适量
糖	4 克

器具

电饭锅
平底锅

小贴士

1. 待烹调完毕后，可以用叉子叉土豆，确认是否已经煮熟。

2. 这道葡萄牙炖鸡腿亦可搭配面包食用。

3. 起锅前可于表面撒上少许黑胡椒调味。

这道乡村肉丸属于白酱类的肉丸料理，是欧美乡村餐桌上必备的经典佳肴，主要以白酒、鸡高汤为调味基底，微甜的白酒能提升酱汁顺滑的口感，让滋味更显成熟。以白酱就着肉丸品尝，口腔里满是肉汁、奶酪、酱料所组成的三重美味。

乡村肉丸
Fried Meatballs in Home Style

食材		基本做法	分量：1人份

食材	
牛肉泥	1千克
鸡蛋	2个
吐司	2片
牛奶	80克
帕马森奶酪丝	20克
蒜末	10克
巴西里	10克

调味料

面粉	适量
橄榄油	适量
白葡萄酒	50克
鸡高汤	200克
盐	适量
黑胡椒	适量

器具

深煎平底锅

基本做法　分量：1人份

1. 在钢盆中放入牛肉泥、鸡蛋、吐司、牛奶、帕马森奶酪丝、蒜末、巴西里末，将全部食材搅拌均匀。

2. 将做法1用手揉成肉丸。外表蘸裹面粉。

3. 取锅，倒入少许橄榄油，把肉丸放入锅中煎至外表金黄，即可取出。

4. 锅中倒入少许白酒炝锅，待煮开后约2分钟倒入高汤，加入盐及黑胡椒调味，再放入肉丸收汁即可。

小贴士

1. 在做法1时需事先将吐司撕成小块，且捏制肉丸时尽量捏扎实一点，以免口感过于松散。

2. 在做法4时需待白酒彻底炝锅，再倒入高汤熬煮。若白酒炝锅不完全，容易干扰料理风味。可搭配玉米笋食用。

3. 1颗肉丸约重40克，1人份约5颗肉丸，此道食谱可做32颗肉丸子，约有6人份。可先一次制作较多的肉丸再放入冰箱冷冻，以便下次烹调。

春鸡体积小而骨骼细，肉质细致鲜嫩，是欧美料理中经常出现的食材。在秘鲁当地，他们喜欢在辣椒酱当中拌入捏碎的苏打饼干。如此不仅能增添面粉香，也能创造浓稠质地，完美融合所有调料香气，与鸡肉搭配食用风味更是一绝。

秘鲁辣酱烤春鸡
Roasted Spring Chicken with Peruvian Chili Sauce

食材		基本做法	分量：1人份

食材	
春鸡	1 只

调味料

盐	适量
白胡椒粉	适量
老抽	少许
百里香	6 枝
橄榄油	少许

[秘鲁辣酱]

小辣椒	5 克
香菜	5 克
苏打饼干	20 克
牛奶	50 克
白胡椒粉	少许
盐	少许
味精	少许
鲜奶油	25 克

器具

烤箱
调理机

基本做法

1. 将春鸡洗净后擦干，用厨房剪刀拆解春鸡，表面抹上盐及白胡椒粉，再刷上老抽上色，表面放上百里香并抹少许橄榄油。

2. 烤箱预热后，120℃低温烘烤1.5~2 小时。

3. 再转 250~280℃高温烤 10 分钟至外皮酥脆后取出。

4. 先将烤春鸡放置一旁静置约 5 分钟，切开后搭配秘鲁辣酱食用。

[秘鲁辣酱]

1. 小辣椒切成小段，香菜切碎，苏打饼干捏碎。

2. 在调理机中放入上一步的材料、牛奶，加入白胡椒粉、盐、味精，混合均匀，最后倒入鲜奶油搅拌均匀，即成秘鲁辣酱。

拆解春鸡步骤图解

香煎春鸡步骤图解

小贴士

1. 以低温烘烤不易蒸发鸡肉的水分，若希望以香煎取代烘烤，则煎制时需用干净锅重压于春鸡表面，使其受热均匀，鸡肉能均匀上色至金黄。

2. 制作完秘鲁辣酱后，可放入冰箱冷藏 2 天。

3. 可使用奶油取代橄榄油涂抹于春鸡表面。

4. 可依个人口味，在盘中放入烤小西红柿、蟹味菇、南瓜片搭配食用。

早期法国乡村没有冰箱，他们惯于收集剩余的烹调用油，再将未吃完的肉类丢入油缸中保存。相传有位老太太习惯在壁炉旁摆放油缸，冬季时壁炉的热会传入缸中，使得鸭肉在低温的油中慢慢熟透，这就是油封鸭腿的由来。

油封鸭腿
Duck Confit

食材		基本做法	分量：1 人份
鸭腿	1 只		
（约 100 克）			
红葱头	10 克		

基本做法

分量：1 人份

1. 将蒜头去皮切末，与粗盐、黑胡椒、月桂叶、八角、花椒拌匀即成腌料。

2. 将鸭腿事先清洗并擦干，放入料理盘中，表面抹上腌料，放入冰箱冷藏 2 天。

3. 把鸭腿、红葱头与所有调味料放入真空袋中并真空处理。

4. 将真空袋放入舒肥机，78℃烹调6 小时后取出。

5. 取不粘锅，将鸭腿皮朝下放入锅中，小火煎熟后再转中大火煎 2 分钟，将鸭腿煎至表面金黄酥脆后即可食用。

煎鸭腿步骤图解

调味料

现磨黑胡椒	2 克
百里香	1 克
鸭油	150 克
盐	5 克
蒜头	10 克
粗盐	40 克
现磨黑胡椒	1 克
干燥月桂叶	1 克
八角	1 克
花椒	2 克

器具

真空机
舒肥机
不粘锅

小贴士

若大量制作油封鸭腿，或烹调后不需立即食用，可连同真空袋放入冰箱冷藏或急速冷冻保存。食用时将真空包丢入热水回温，去掉真空包，再用小火煎至升温，最后用大火煎干即可。

油封原文意指"保存"，据传源自法国西南部地区，是将食物浸泡在油中低温慢煮的做法。油封能产生入口即化的口感，不但可以延长食物的保存期限，剩余的油还能入菜，是极受欢迎的料理方式。

油封猪舌
Pork Tongue Confit

食材		基本做法	分量：1人份
猪舌	350 克	**1.** 将蒜头去皮拍碎，与粗盐、黑胡椒、月桂叶、八角、花椒拌匀即成腌料。	
红葱头	20 克		
调味料		**2.** 煮一锅开水，稍微汆烫猪舌去除杂质，捞出沥干后放入料理盘中，表面抹上腌料，放入冰箱冷藏 2 天。	
黑胡椒	2 克		
百里香	2 克		
鸭油	250 克	**3.** 将猪舌取出后洗净、擦干。	
盐	1 克	**4.** 把猪舌、红葱头与所有调味料放入真空袋中并真空处理。	
蒜头	15 克		
粗盐	110 克	**5.** 将做法 4 放入舒肥机，90℃烹调 4 小时后取出。	
现磨黑胡椒	2 克		
干燥月桂叶	1 克	**6.** 在不粘锅中放入猪舌，小火慢煎 2 分钟，再转中大火煎至表面金黄，盛盘后即可食用。	
八角	1 克		
花椒	2 克		

器具

真空机
舒肥机
不粘锅
汤锅

小贴士

1. 猪舌需事先汆烫洗净，除去杂质血沫后滋味更佳。

2. 若一次吃不完，建议真空后可放入冰箱冷藏 6 个月。

3. 可在盘中点缀巴西里及紫洋葱丝。

以"油封"技法制成的猪舌软嫩无比，拥有入口即化的口感。搭配多种辛香料及蔬菜丁混合而成的柠檬酱，赋予猪舌清新鲜爽的风味，无论作为前菜或主菜，都是相当令人称赞的料理。

柠檬渍猪舌
Pork Tongue with Lemon Sauce

食材	基本做法	分量：1人份

食材

［油封猪舌］

猪舌	350 克
红葱头	20 克

调味料

黑胡椒	2 克
百里香	2 克
鸭油	250 克
盐	1 克
蒜头	15 克
粗盐	110 克
现磨黑胡椒	2 克
干燥月桂叶	1 克
八角	1 克
花椒	2 克

［自制柠檬酱］

洋葱末	40 克
巴西里末	4 克
甜红椒末	1/4 个
西红柿丁	1 个
黑胡椒	少许
盐	少许
糖	1 匙
柠檬汁	10 克
柳橙汁	20 克

器具

真空机
舒肥机
不粘锅
汤锅

基本做法

［油封猪舌］

1. 将蒜头去皮拍碎，与粗盐、黑胡椒、月桂叶、八角、花椒拌匀即成腌料。

2. 煮一锅开水，稍微汆烫猪舌以去除杂质，捞出沥干后放入料理盘中，表面抹上腌料，放入冰箱冷藏2天。

3. 将猪舌取出后洗净、擦干。

4. 把猪舌、红葱头与所有调味料放入真空袋中并真空处理。

5. 将做法4放入舒肥机，90℃烹调4小时后取出。

6. 在不粘锅中放入猪舌，小火慢煎2分钟，再转中大火煎至表面金黄即可。

［自制柠檬酱 & 组装］

1. 将油封猪舌切片后盛盘。

2. 在碗中放入自制柠檬酱里的材料并搅拌均匀即可。

3. 将自制柠檬酱淋在油封猪舌表面，放入冰箱冷藏3小时，即可食用。

小贴士

1. 若没有鸭油，可依个人喜好选用猪油烹调猪舌。
2. 可在盘底铺入紫洋葱丝装饰。

先将猪舌嫩煎至金黄后取出，接着放入各种食材慢煮到整间厨房都散发出鲜醇芬芳的气味。最后将猪舌及调料放入铸铁锅中放进烤箱，让时间缓慢逼出西红柿的酸、酒醋的醇、月桂叶的清新、猪舌的鲜嫩，入口即是停也停不了的美味。

茄汁炖猪舌
Pork Tongue with Tomato Sauce

食材		基本做法	分量：1人份

食材

洋葱	1 个
西红柿	1 个
猪舌	1 条
（约 350 克）	
蒜末	10 克

调味料

黑胡椒粒	少许
盐	少许
面粉	适量
橄榄油	少许
西红柿糊	30 克
巴萨米克醋	50 克
鸡高汤	100 克
月桂叶	3 片
百里香	3 枝

器具

平底锅
铸铁锅
烤箱
汤锅

基本做法

1. 洋葱及西红柿去皮切丁，备用。

2. 煮一锅开水，放入猪舌汆烫，捞出后洗净并擦干，并在表面撒上黑胡椒粒、盐，四面蘸裹面粉。

3. 将猪舌放入平底锅中，放少许橄榄油煎至表面金黄后取出。

4. 锅中倒入少许橄榄油，放入洋葱丁炒香，再放入其余食材及调味料。加入适量盐及黑胡椒调味。

5. 在铸铁锅内铺入适量的做法 4 的食材，放上猪舌，再铺上其余酱料。

6. 盖上铝箔纸，烤箱预热后，150℃烘烤 2 小时，取出即可食用。

小贴士

1. 在做法 4 中要注意收汁状态，切勿太浓稠，以免放入烤箱后酱汁过干。

2. 可依个人喜好，在盘中放入百里香装饰。

第六章

炖

饭 · 意大利面 · 三明治

Risotto · Pasta · Sandwich

藏红花香料是取自藏红花里的雌柱头，每朵藏红花仅能取出 3 根柱头，且只能依靠人工于清晨采收，因此又被唤作"红金""香料界的皇后"。

藏红花外表呈现深橘红色，无论是英国红花糕、西班牙海鲜饭、法国马赛鱼汤，都可寻见它的身影。若在鸡肉炖饭里加入藏红花调味，更能全面提升料理香气，让滋味更加丰富。

乡村鸡肉炖饭
Chicken Risotto

食材

西红柿	1/2 个
红甜椒	1/4 个
去骨带皮鸡腿肉	200 克
意大利调味饭用米	1 杯
（Risotto，约 80 克）	
洋葱末	80 克
蒜末	1 瓣
红葱头末	1 瓣
柠檬片	4 片

〔装饰用食材〕

巴西里碎	适量

调味料

藏红花	少许
白葡萄酒	50 克
橄榄油	适量
盐	适量
鸡高汤	350～500 克

器具

深煎平底锅

基本做法

分量：1 人份

1. 在碗中放入藏红花，倒入白葡萄酒泡开后备用。

2. 将西红柿洗净，去皮切丁；红甜椒洗净，去籽切丁；鸡腿肉切成合适的大小。

3. 取平底锅，倒入少量橄榄油，放入米翻炒，炒干水分以便后续煨煮时米粒能吸收汤汁，并保持完整形状。

4. 另取平底锅，倒入橄榄油，将鸡肉两面煎至金黄。

5. 放入洋葱末、蒜末、红葱头末炒软，加盐调味，放入做法 4 翻炒，倒入做法 1 炝锅，加入西红柿丁及红甜椒丁后转中小火炖煮1 分钟。

6. 锅中倒入鸡高汤转大火煮开，放入熟米及柠檬片后转小火慢煨，待 2 次煮开后倒入些许高汤，重复加高汤的动作约 15 分钟，直至每颗米粒都煨至饱满。品尝一下，若米粒呈现熟度刚好、饱满弹润，即可关火。接着闷盖约 5 分钟，取出盛盘后撒上新鲜的巴西里碎，即可食用。

小贴士

1. 可选用自己喜爱的鸡肉部位烹调此道料理。

2. 若改以蔬菜高汤烹调，可创造出清爽鲜甜的炖饭风味。

3. 做法 6 煨煮炖饭时，需以 1∶1.5的比例添加材料，如 1 杯米∶1.5杯高汤即可。

正统的意大利炖饭得有软硬适中、米心微生的口感。因此，意大利人烹调炖饭时，会先倒入没过食材的高汤，待煮开后每次添加约100克的高汤，让米慢慢吸饱汤汁与食材精华，入口满是鲜醇滋味。

肩胛肋眼牛肉炖饭
Chuck Beef Risotto

食材		基本做法	分量：1人份

食材

洋葱	80 克
西红柿	50 克
红甜椒	40 克
四季豆	10 克
肩胛肋眼	100 克
意大利调味饭用米	1 杯
（Risotto，约 80 克）	
蒜末	0.5 克
柠檬片	4 片

调味料

藏红花粉	少许
白葡萄酒	50 克
橄榄油	适量
盐	少许
黑胡椒	少许
鸡高汤	350～500 克
月桂叶	1 片

器具

深煎平底锅

基本做法

1. 在碗中放入藏红花，倒入白葡萄酒拌匀后备用。

2. 洋葱去皮切丁；西红柿洗净后去皮切丁；红甜椒洗净后去籽切丁；四季豆洗净后切成段状；将肩胛肋眼切成合适的大小，备用。

3. 取平底锅，倒入少量橄榄油，放入米翻炒，炒干水分，以便后续煨煮时米粒能吸收汤汁，并保持完整形状。

4. 另取平底锅，倒入橄榄油，将肩胛肋眼以大火煎至外表金黄。

5. 放入洋葱丁及蒜末炒软，加盐及黑胡椒调味，放入做法 4 翻炒，倒入做法 1 炝锅，加入西红柿丁、红甜椒丁及四季豆段后转中小火炖煮 1 分钟。

6. 锅中倒入高汤转大火煮开，放入熟米后转小火慢煨，待 2 次煮开后倒入些许高汤，重复加高汤的动作约 15 分钟，直至每颗米粒都煨至饱满。品尝一下，若米粒呈现熟度刚好、饱满弹润，即可关火。接着闷盖约 5 分钟后撒入月桂叶，放入柠檬片即可食用。

小贴士

1. 标准的炖饭做法，米与高汤比例为 1:3 或 1:4，方能烹调出软硬适中的炖饭。烹调过程中需慢慢倒入高汤，避免米粒软烂。

2. 建议选用高度较深的宽口平底锅，翻炒米粒时较不易飞出。

3. 添加柠檬片能赋予炖饭清新不腻的滋味。

4. 可依个人喜好，在盘中点缀香草。

黑松露属于菌菇类，英文 Truffle，Tuber melanosporum 则是香气最馥郁的品种。松露乃是冬神的恩赐，其气味幽微迷魅，往往令美食家倾慕不已。松露的醉人幽香源自于雄烯酮分子，类似于公猪的雄性激素成分。因此在冬季橡树林里，经常可见牵着猪的松露猎人，冒着低温追逐这一颗颗黑钻石。

在美食殿堂里，松露绝对是公认的"贵族"，但家常吃法却更能体现其韵味。将炖饭米与野菇一同慢煮，起锅前拌入一点点松露酱，就能尝到山野浓缩的极致美味。

松露野菇炖饭
Truffle Risotto

食材	
洋葱	80 克
蒜头	1 瓣
红葱头	1 瓣
牛肝菌菇	3 片
蟹味菇	40 克
杏鲍菇	40 克
意大利调味饭用米	1 杯
（Risotto，约 80 克）	
帕马森干酪碎	5 克

调味料

橄榄油	少许
盐	少许
鸡高汤	350~500 克
无盐黄油	8 克
鲜奶油	3 克
松露酱	1 匙

器具

平底锅或铸铁锅

基本做法

分量：1 人份

1. 将洋葱、蒜头、红葱头洗净后去皮切末；牛肝菌菇泡水后切片；杏鲍菇切成丁状以增加口感。

2. 取平底锅，倒入少量橄榄油，放入米以小火翻炒，炒干水分。

3. 另取平底锅，放入洋葱、蒜头、红葱头末炒软，加盐调味，再放入菇类炒香。

4. 倒入鸡高汤没过食材表面，大火煮开后放入熟米用中小火慢煮。待 2 次煮开后倒入些许高汤，重复加高汤的动作约 15 分钟，直至每颗米粒都煨至饱满。品尝一下，若米粒呈现熟度刚好、饱满弹润的感觉，即可关火。

5. 加入无盐黄油及鲜奶油搅拌均匀，再拌入松露酱，最后撒上帕玛森干酪碎，盛盘即可食用。

小贴士

1. 选用牛肝菌菇的原因是本身味道浓厚，可依个人喜好替换成其他菇类，若使用香菇，因其水分较高，需要较多时间炒香。

2. 炖饭内添加洋葱末能突出甜味，红葱头末能适度增香，将菇类切成片状及丁状可增加口感层次，可放入食用金箔增加美观度。

3. 可按照个人喜好添加松露酱，若不添加则为地道的意大利式野菇炖饭。

4. 拌入奶酪可增加炖饭的浓稠感，且拌匀后需立即食用，以免奶酪冷掉后饭粒口感过硬。

在广东菜系里，柠檬嫩鸡是极受欢迎的一道佳肴，即使在外国中餐馆里也是点单率极高的菜式。无独有偶地，欧美厨师也相当喜欢用柠檬、鸡肉混搭出各种料理。这道柠檬鸡肉十谷米以轻烹调的方式带出柠檬的酸香、鸡肉的清甜，佐以丰富的谷物香气，绝对是夏日必备的清爽料理。

柠檬鸡肉十谷饭
Lemon Chicken with Ten-Grain Rice

食材		基本做法	分量：1人份
十谷米（熟）	200 克	**1.** 事前煮好十谷米后晾凉；将鸡胸肉切块；蘑菇洗净后切片；蒜头去皮切末，备用。	
鸡胸肉	1 片		
（约 150 克）			
蘑菇	200 克	**2.** 锅中倒入少许橄榄油，放入鸡肉块煎至表面金黄后取出。	
蒜头	3 瓣		
柠檬榨汁	1 个	**3.** 再倒入少许橄榄油，放入蘑菇炒香，加入蒜末、盐、黑胡椒，加入鸡胸肉翻炒均匀。	
调味料		**4.** 倒入柠檬汁稍微翻炒，加入十谷翻炒均匀，起锅前撒上巴西里碎即可。	
橄榄油	6 克		
盐	1 克		
黑胡椒	1 克		
巴西里碎	5 克		

器具

平底锅

小贴士

将鸡胸肉稍微香煎后翻炒，能保持鸡肉的软嫩度，让鸡胸肉不至于过柴。

无论是贡丸、狮子头、还是印尼肉丸、瑞典肉丸……浓郁多汁的肉丸料理广受各地美食家喜爱。与中式"锅物概念"不同，欧洲人将肉丸视为完整的主菜。在欧洲家庭里，他们经常在肉丸内包入吐司块、奶酪丝，让肉丸更具饱腹感及松软多汁的美妙滋味。

炖煮胡萝卜肉丸三色饭
Stewed Carrot Meatballs with Mixed Rice

分量：1人份

食材

三色米（熟）	1 碗
牛肉泥	1 千克
吐司	2 片
牛奶	80 克
鸡蛋	2 个
帕马森奶酪丝	50 克
蒜末	10 克
巴西里末	10 克
洋葱丁	150 克
蒜苗	100 克
西红柿丁	150 克
胡萝卜丁	150 克

调味料

盐	适量
黑胡椒	适量
面粉	适量
巴萨米克醋	20 克
橄榄油	适量
月桂叶	1 片
鸡高汤	200 克

器具

电饭锅
炸锅
料理机
平底锅

基本做法

1. 事先煮好三色米饭，备用。

2. 在盆中放入牛肉泥，加入吐司、牛奶、鸡蛋、帕马森奶酪丝、盐、黑胡椒、蒜末、巴西里末，将所有食材搅拌并混合均匀。

3. 将做法 2 用手揉成小肉丸，外表蘸裹面粉。

4. 起锅烧油，放入肉丸用中火炸至外表金黄，捞出后沥干油，备用。

5. 在料理机中放入洋葱丁、蒜苗、西红柿丁，加入盐、黑胡椒、巴萨米克醋，打成泥备用。

6. 取平底锅，放入胡萝卜丁用中小火煎至出蜜，外表从橘红色转为淡黄色后取出。

7. 在锅中倒入少许橄榄油，放入做法 4 稍微翻炒，倒入做法 5、月桂叶及鸡高汤，再加入胡萝卜丁，转大火煮至收汁，搭配三色米饭即可食用。

拌炒胡萝卜步骤图解

小贴士

1. 记得先将吐司去边再拌入内馅，如此口感较佳。

2. 1 颗肉丸约重 40 克，1 人份约 5 颗肉丸，此道食谱可做 32 颗肉丸，约有 6 人份。可先一次制作较多的肉丸再放入冰箱冷冻，下次烹调时更省力。

3. 可于盘中点缀萝卜叶与胡椒粉。

美食至上的意大利人相当重视用餐顺序，餐桌上的第一主菜通常为意大利面，第二主菜则是西红柿肉丸等副菜料理。如今随处可见的香草茄汁牛肉丸意大利面，则是爱好各国美食的美国人自创的变化款吃法。

香草茄汁牛肉丸意大利面
Spaghetti Meatballs in Tomato Sauce

食材

分量：2人份

材料1 -〔牛肉丸〕

（可制作32颗肉丸，每5颗为1份）

牛肉泥	1千克
吐司	2片
牛奶	80克
鸡蛋	2个
帕马森奶酪丝	20克
盐	适量
黑胡椒	适量
蒜末	10克
巴西里末	10克
面粉	适量

材料2 -〔意大利西红柿牛肉酱 & 意大利面〕

意大利面条	400克
橄榄油	适量
洋葱	100克
西芹	20克
胡萝卜	20克
西红柿	2个
培根	3片
牛肉泥	300克
西红柿糊	15克
西红柿罐头	1罐
蒜末	4瓣
百里香	2枝
干燥牛至	10克
干燥月桂叶	2片
糖	5克
盐	少许
红葡萄酒	100克
鸡高汤	700克

器具

炸锅

汤锅

平底锅

小贴士

1. 煮意大利面时，可在水中加入少许盐，让面条带有少许咸度。

2. 制作肉丸较费时费力，建议一次制作较多分量，再将多余的肉丸冷冻即可。此份食谱的肉丸约是6人份，意大利西红柿牛肉酱及意大利面约为2人份。

3. 可选用不粘锅烹调此道料理。

4. 可依照个人喜好在盘中放入月桂叶装饰。

基本做法

〔牛肉丸〕

1. 在盆中放入牛肉泥，加入吐司、牛奶、鸡蛋、帕马森奶酪丝、盐、黑胡椒、蒜末、巴西里末，将所有食材搅拌并混合均匀。

2. 将做法1用手揉成小肉丸，外表蘸裹面粉（每颗肉丸约40克）。

3. 起锅烧油，放入肉丸用中火油炸至外表金黄，捞出后沥干油，备用。

〔意大利西红柿牛肉酱 & 意大利面制作〕

1. 煮一锅开水，放入意大利面煮至七八分熟，捞出沥干后拌入少许橄榄油，盛盘放凉让面条更具弹性。

2. 将洋葱、西芹、胡萝卜、西红柿分别洗净，去皮后切丁；培根切丁备用。

3. 取平底锅，先用大火爆香洋葱丁，加入牛肉泥炒香，再倒入其余食材，转小火焖煮40分钟即成意大利西红柿牛肉酱。

4. 放入煮好的意大利面，加入意大利西红柿牛肉酱及牛肉丸煮2~3分钟略微收汁，即可盛盘食用。

茄酱即是"红酱"，与白酱及青酱并列为三大意大利面酱。将洋葱炒香后，加入各式蔬菜及培根浓缩食材的鲜甜，倒入红酒与鸡高汤赋予其成熟风味，最后以香草提味后拌入意大利面及牛腹肉，简单家常的意式料理轻松上桌。

慢火牛腹肉茄酱意大利面
Beef Brisket Spaghetti with Traditional Tomato Sauce

食材

意大利面	400 克
慢火牛腹肉	300 克

（做法请参考第 88 页）

调味料

〔特制茄酱〕

洋葱	100 克
蒜头	4 克
红葱头	5 克
西红柿	2 个
培根	3 片
橄榄油	适量
胡萝卜丁	20 克
西芹丁	20 克
西红柿糊	15 克
西红柿罐头	140 克
百里香	2 枝
黑胡椒	1 克
盐	1 克
牛至	5 克
干燥月桂叶	2 片
红葡萄酒	100 克
糖	5 克
鸡高汤	700 克

器具

平底锅
汤锅

基本做法

分量：2 人份

〔特制茄酱〕

1. 将洋葱、蒜头、红葱头洗净后去皮，洋葱切丁、其余切片；西红柿洗净后去皮切丁；培根切块，备用。

2. 锅中倒入些许橄榄油，把洋葱炒香后加入蒜片及红葱头片炒香。放入西红柿丁、培根块、胡萝卜丁、西芹丁拌炒均匀，加入西红柿糊及西红柿罐头翻炒，再加入剩余调味料并翻炒均匀。

〔意大利面烹调 & 组装〕

1. 煮一锅开水，放入意大利面煮至半熟，捞出后晾凉，让面条更具弹性且酱汁更易入味。

2. 将慢火牛腹肉切成片状。

3. 在锅中倒入特制茄酱煮至略微收汁，放入意大利面及慢火牛腹肉翻煮 2 分钟后收汁，即可食用。

小贴士

可搭配烤芦笋食用。

在我国，厨师普遍以木料烟熏法加工食物，不过欧美餐饮界有一种冷制烟熏法，是将木料燃烧的烟气冷却后制成冷熏液，再以此腌渍食物而成，能创造出肉质鲜滑、芬芳无比的熏三文鱼。在意大利面中加入奶油酱，缀以香草提味，最后放入几片熏三文鱼，治愈系美食即刻享用。

熏三文鱼奶油面
Creamy Smoked Salmon Fettuccine

食材		基本做法	分量：1 人份
意大利面	180 克		
蒜头	10 克		
培根	20 克		
杏鲍菇	10 克		
蟹味菇	10 克		
熏三文鱼	2 片		
帕马森奶酪丝	15 克		

基本做法

1. 煮一锅开水，放入意大利面煮至半熟，捞出备用。

2. 蒜头去皮切片；培根切块；杏鲍菇切片；蟹味菇用手撕成段状，备用。

3. 取不粘锅，倒入少许橄榄油，放入蒜片炒香，加入培根、杏鲍菇及蟹味菇，加入洋葱粉、黑胡椒粉、辣椒粗粒粉、盐、白酒调味，并将食材翻炒均匀。

4. 加入 1 片三文鱼碎翻炒，倒入鲜奶油及高汤，放入意大利面煮至收汁，最后加入奶酪丝翻炒均匀，盛盘后于盘缘卷 1 片三文鱼装饰，即可食用。

调味料

橄榄油	少许
洋葱粉	1/2 匙
黑胡椒粉	少许
辣椒粗粒粉	18 克
盐	适量
白葡萄酒	5 克
鲜奶油	90 克
鸡高汤	150 克

器具

不粘锅

小贴士

1. 记得先将意大利面煮至半熟，加入酱料翻炒时再按照个人喜好的口感调整熟度即可。

2. 可依照个人习惯在盘中放入喜爱的香草，或摆入韭菜苗及紫甘蓝苗装饰。

意式餐馆内必点的西红柿牛肉酱面，源自意大利的波隆那地区，因此在意大利语中又被称作 Ragù Bologna。在 1982 年意大利甚至制定"意大利西红柿肉酱面"食谱，严格规定以牛肉泥、培根、胡萝卜、西红柿罐头等食材制作正统的肉酱面。当地人偏好搭配意大利宽面食用，现今风行的细直面则是美式吃法，各有不同的美妙滋味。

意大利西红柿牛肉酱面
Spaghetti Bolognese

食材		基本做法	分量：2人份

食材

意大利面　　　　400 克

调味料

橄榄油适量

[意大利西红柿牛肉酱]

洋葱	100 克
西芹	20 克
胡萝卜	20 克
西红柿	2 个
培根	3 片
牛肉泥	300 克
西红柿糊	15 克
西红柿罐头	1 罐
蒜末	4 瓣
百里香	2 枝
干燥牛至	10 克
干燥月桂叶	2 片
糖	5 克
盐	少许
红葡萄酒	100 克
鸡高汤	700 克

器具

汤锅
平底锅

基本做法

[意大利西红柿牛肉酱]

1. 将洋葱、西芹、胡萝卜、西红柿分别洗净，去皮后切丁；培根切丁备用。

2. 取平底锅，先用大火爆香洋葱丁，加入牛肉泥炒香，再倒入其余食材，转小火焖煮 40 分钟即成意大利西红柿牛肉酱。

[意大利面 & 组装]

1. 煮一锅开水，放入意大利面煮至七八分熟，捞出沥干后加入少许橄榄油，盛盘晾凉让面条更具弹性。

2. 放入煮好的意大利面，加入意大利西红柿牛肉酱煮 2~3 分钟略微收汁，即可盛盘食用。

小贴士

1. 意大利面烹调时间：建议将包装的时间标示再减少 2 ~ 3 分钟。待水煮开、面条入锅后再计算烹调时间。时间到先取出一根面条，将面条对折，中间仍留有一点白芯是最美味的状态（约七八分熟）。这样下锅与酱汁拌炒时，既可以蘸裹酱汁的美味，又能保留面条的弹性、避免口感过于软烂。

2. 可在盘中放入香煎胡萝卜丁，点缀葱花搭配食用。

贝壳面英文是 Conchiglie，大贝壳面填充内馅后入炉烘烤可当作主菜食用。小贝壳面多放入浓汤或沙拉中点缀。贝壳面饱满的外形能充分吸附酱汁，与鲜虾、奶油酱拌炒后，入口咬下满是鲜醇浓厚的海味，宛如在舌尖演奏美味华尔兹。

红酱鲜虾贝壳面
Shrimp Conchiglie with Tomate Sauce

食材		基本做法	分量：1 人份

食材	
中型贝壳面	200 克
鲜虾	350 克
洋葱丁	150 克
蒜末	3 瓣

[装饰用材料]

帕马森奶酪	适量
巴西里碎	适量
柠檬皮屑	少许

调味料

盐	少许
白胡椒粉	少许
红甜椒粉	5 克
橄榄油	适量
无盐黄油	30 克
白葡萄酒	100 克
鲜奶油	200 克

器具

汤锅

不粘锅

基本做法

1. 煮一锅开水，放入贝壳面煮至半熟，捞出后晾凉，让面条更具弹性且酱汁更易入味。

2. 将鲜虾洗净后沥干，加入盐、白胡椒及红甜椒粉略腌渍，备用。

3. 取不粘锅，倒入少许橄榄油，放入腌渍好的鲜虾，将两面煎熟后取出。

4. 锅中加入无盐黄油，放入洋葱丁与蒜末炒香。加入做法 3，倒入白葡萄酒炝锅，再加入鲜奶油及贝壳面翻炒均匀。

5. 撒入适量帕马森奶酪，起锅前撒上新鲜巴西里碎及柠檬皮屑即可。

小贴士

1. 切忌先将贝壳面煮至全熟，以免翻炒酱汁时面条过熟，口感软烂。
2. 可依照个人喜好放入柠檬片装饰。

在意大利人的餐桌上，经常可见意式蔬菜汤，主要以当季蔬菜及高汤烹调而成，每一位意大利妈妈都有独门的配方。我特别加入牛肉泥熬制汤底，又以近似台南牛肉汤的做法轻烫牛肉片，让你尝到口感嫩滑的同时，感受到鲜香醇厚的意式汤品滋味。

意式牛肉汤面
Italian Beef Noodle Soup

食材		基本做法	分量：1人份
洋葱	1.2千克	**1.** 将洋葱及蒜头去皮切块；西芹、胡萝卜洗净后去皮切段，备用。	
蒜头	10克	**2.** 锅中放入牛肉泥及做法1，加入高汤、八角及月桂叶，再以盐调味，用小火炖煮约2小时。	
西芹	70克		
胡萝卜	150克	**3.** 过滤掉牛肉汤内的所有食材，保留汤汁备用。	
牛肉泥	500克		
意大利手工细面	100克	**4.** 煮一锅开水，放入面条煮熟后捞出盛盘。	
牛肉片	1片		
		5. 盘中铺入1片牛肉片，浇入滚烫的牛肉汤，即可食用。	

调味料

盐	适量
鸡高汤	25克
八角	1粒
月桂叶	2克

器具

汤锅

小贴士

1. 建议使用细棉布过滤掉牛肉汤的杂质浮沫。
2. 可以在牛肉片表面放上食用花或香葱装饰。

料理入门者经常将柠檬与青柠混为一谈，其实无论是柠檬或青柠，未成熟的果实是青绿色，成熟的果实则呈现黄色。一般而言，柠檬皮厚而子多，青柠则皮薄无子。这道意大利柠檬松子宽面以松子、柠檬、鲜奶油烹调而成，尝到浓浓奶香味的同时兼具坚果香气与柠檬的清爽，是适合夏日品尝的创意佳肴。

意大利松子柠檬宽面
Fettuccine with Lemon Cream Sauce

食材

松子	适量
柠檬	1 个
意大利宽扁面	200 克
红葱头	2 瓣
帕达诺奶酪	5 片

调味料

无盐黄油	40 克
鸡高汤	50 克
盐	适量
白胡椒	适量
鲜奶油	15 克

器具

平底锅
烤箱
刨奶酪刀（削皮刀亦可）
汤锅

基本做法

分量：1 人份

［烘烤松子］

1. 将生松子均匀撒于烤盘内，烤箱预热后，下火 120℃烘烤 10 分钟。

2. 取出烤好的松子，将松子碾碎备用。

［意大利面烹调 & 组装］

1. 将柠檬皮刨成细屑，半颗柠檬榨成汁。

2. 煮一锅开水，放入宽扁面煮熟后盛盘，晾凉备用。

3. 锅中放入无盐黄油爆香红葱头，再放入意大利面翻炒，倒入高汤，加入柠檬汁，用盐和白胡椒调味，最后倒入鲜奶油。

4. 将意大利面盛盘，盘缘撒上松子及适量柠檬皮，刨入 5 片帕达诺奶酪，即可食用。

煮面步骤图解

小贴士

1. 可选择不辗碎松子，直接以整颗松子入菜，增添脆口滋味。

2. 初学者不易掌控烤坚果的火候，建议使用下火烘烤，烘烤时每 3 分钟转动一次并检查松子状态，才不易烤焦松子。

3. 倒入高汤能增加面条湿润度；柠檬丝能增添料理香气。

4. 可按照个人喜好，加入柠檬片及食用花装饰。

从 19 世纪 60 年代流行起来的古巴三明治其实是地道的美式料理，其丰富多彩的滋味让不少人神魂颠倒，许多三明治食谱也纷纷向古巴三明治取经。这道慢火猪肉三明治以阿根廷式的慢火猪腿肉为主，咸鲜的烤猪肉搭配浓郁的奶酪片调味，最后淋上独门的红酒甜洋葱酱提香，让你一试难忘。

慢火猪肉三明治
Roasted Pork Sandwich

食材		基本做法	分量：1 人份

食材

猪腿肉	1.2 千克
盐	适量
面包	1 份
无盐黄油	适量
莫札瑞拉奶酪	适量

调味料

【红酒甜洋葱酱】

橄榄油	少许
洋葱丝	60 克
红甜椒丝	150 克
糖	9 克
盐	4.5 克
巴萨米克醋	60 克
鸡高汤	60 克
罗勒叶	15 克

器具

烤箱
平底锅
斜纹铁板

基本做法

【红酒甜洋葱酱】

1. 取平底锅，倒入少许橄榄油，放入洋葱丝及红甜椒丝，加入糖及盐调味，将蔬菜炒软后倒入巴萨米克醋翻炒约 2 分钟。

2. 倒入高汤烧煮 10 分钟，最后加入切丝的罗勒叶拌炒均匀，即成红酒甜洋葱酱。

【慢火猪肉三明治制作 & 组装】

1. 将整块猪腿肉表面抹上盐。

2. 烤箱预热后，95℃烘烤 6 小时后取出。

3. 将猪腿肉切成小块并修掉油脂部分，再放入锅中稍微干煎表面，切片备用。

4. 面包双面抹上些许奶油，放入斜纹铁板将面包烤酥。

5. 面包内夹入切片猪腿肉，涂上红酒甜洋葱酱，铺上几片莫札瑞拉奶酪即可食用。

小贴士

1. 可依个人喜好选择法国长棍面包或帕尼尼搭配食用。

2. 将猪腿肉切成片状较好咀嚼。

3. 也可在面包中夹入洋葱丝及生菜叶，并搭配炸薯条一并食用。

4. 若是重口味的读者，不妨在面包内淋入意大利西红柿牛肉酱，别有一番风味。

关于三明治的来历众说纷纭，不过最广为流传的说法，是由 18 世纪英国贵族约翰·孟塔古的仆人所发明。这位伯爵极度热衷于桥牌，经常玩到废寝忘食的境界。为了在玩牌时快速果腹，伯爵便吩咐仆人以两片吐司夹入薄肉片食用，这就是最早的三明治雏形。

美国牛腹肉三明治
Roasted Beef Brisket Sandwich

食材

材料1［慢火牛腹肉三明治］

慢火牛腹肉	300 克
（做法请参考第 88 页）	
无盐黄油	适量
法国长棍面包	1 根
奶酪	适量

材料2［清爽渍菜丁］

洋葱	1/2 个
牛西红柿	1/2 个
红甜椒	1/2 个
柠檬汁	20 克
白醋	250 克
盐	4 克
糖	5 克

调味料

［阿根廷烤肉酱］

无盐黄油	40 克
蒜末	30 克
巴西里碎	15 克
干燥洋香菜叶	12 克
干燥牛至	12 克
巴萨米克醋	60 克
橄榄油	60 克

器具

汤锅
斜纹铁板

基本做法

分量：1 人份

［清爽渍菜丁］

1. 把洋葱及牛西红柿洗净，去皮切丁；红甜椒洗净后去籽切丁。

2. 取一空碗，放入蔬菜丁及所有调味料，混合均匀后即成清爽渍菜丁，放入冰箱冷藏备用。

［阿根廷烤肉酱］

1. 以隔水加热的方式，将40克无盐黄油加热至液状。

2. 将所有材料搅拌均匀即成阿根廷烤肉酱，放入冰箱冷藏保存。

［慢火牛腹肉三明治组装］

1. 面包双面抹上无盐黄油，放入斜纹铁板将面包烤酥。

2. 在慢火牛腹肉片表面抹上阿根廷烤肉酱。

3. 面包内夹入做法2及清爽渍菜丁，并依照个人口味铺入奶酪后即可食用。

小贴士

1. 可依照个人喜好，将长棍面包替换成帕尼尼食用。

2. 面包内除了夹入清爽渍菜丁，也可替换成洋葱丝及生菜叶食用。

3. 可依照个人喜好，放入煎口蘑跟莎莎酱，并撒上迷迭香和巴西里末。若有需求，可于盘中放入西蓝花装饰。

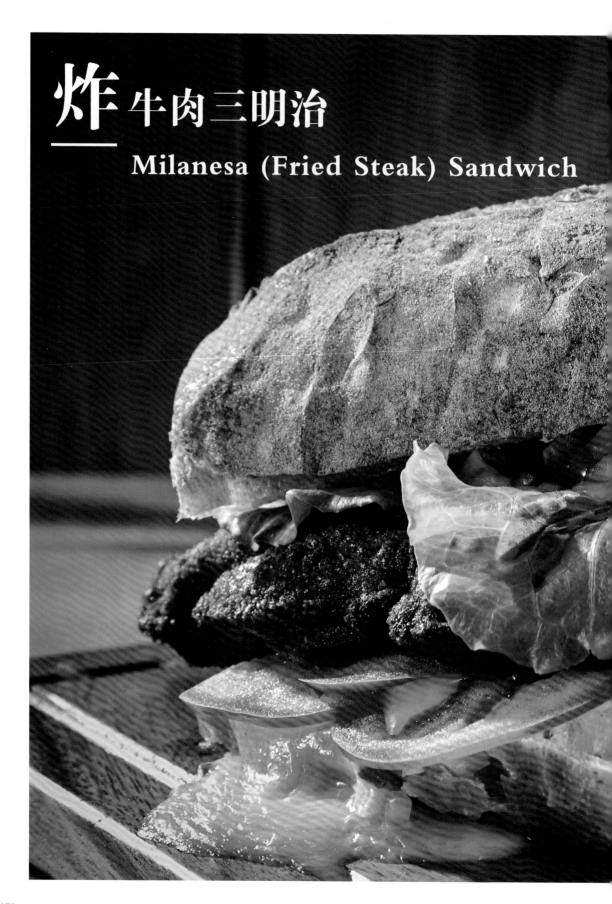

炸牛肉三明治
Milanesa (Fried Steak) Sandwich

以多种香料腌渍过的牛肉入锅炸至金黄，外层裹附的法国面包粉变得香脆可口，鸡蛋与牛奶也在高温中滋润了肉质。搭配奶香浓郁的奶酪片、爽脆生菜叶、酸香宜人的自制洋葱酱，入口即有多层次交织的饱满享受。

炸牛肉三明治
Milanesa (Fried Steak) Sandwich

食材
分量：1人份

材料1 [拿坡里炸牛肉]

嫩角尖沙朗	1 片
（约 200 克）	
鸡蛋	20 克
牛奶	30 克
面粉	适量
法国面包粉	适量
火腿片	2 片
莫札瑞拉奶酪	2 片

材料2 [炸牛肉三明治]

软法面包	1 条
拿坡里炸牛肉	1 份
（请参考第 122 页）	
生菜叶	适量

器具

肉槌
炸锅
烤箱

调味料

蛋黄酱	适量
番茄酱	适量

[腌汁]

蒜末	5 克
巴西里末	5 克
柠檬汁	3 克
盐	少许
黑胡椒	少许

※ 将所有材料拌匀即成腌汁。

[自制洋葱酱]

洋葱	1/2 个
红甜椒	1/4 个
西红柿	1 个
巴西里	适量
苹果醋	适量
盐	少许
糖	少许

基本做法

[拿坡里炸牛肉]

1. 将嫩角尖沙朗切成宽约 1 厘米的肉片，以肉槌捶打表面至肉质松软。

2. 将嫩角尖沙朗放入盘中，淋上腌汁后放入冰箱冷藏 30 分钟。

3. 事先把鸡蛋与牛奶混合均匀，备用。

4. 取出腌渍好的肉片，先沾裹面粉，蘸裹做法 3，再裹上法国面包粉。

5. 起锅烧油，油温达到 160 ~ 170℃将肉片油炸至外表金黄酥脆，捞出沥油。

6. 把油炸肉片放入烤盘，铺上火腿片跟莫札瑞拉奶酪，烤箱预热后，250℃烘烤 3 分钟，取出即可食用。

[自制洋葱酱]

1. 洋葱去皮小丁；红甜椒去籽，切丁；西红柿洗净后去皮切小丁；巴西里切碎。

2. 在碗中放入做法 1，倒入苹果醋并没过食材表面，再放入盐及糖腌渍即可。

[炸牛肉三明治组装]

将软法面包对切，抹入蛋黄酱，放入拿坡里炸牛肉及生菜叶，挤入番茄酱及自制洋葱酱即可。

小贴士

1. 若家中没有法国面包粉，可将吃剩的法式面包放入调理机打碎，即是现成的法国面包粉。

2. 可依个人喜好搭配酥炸薯条食用。

在 19 世纪，擅长制作肉类料理的德国人喜欢在碎牛肉馅加入洋葱，压扁成牛肉饼食用，因此这种肉饼又称作汉堡牛肉排。随着德国移民进入美国，这种快速填饱肚子、富含肉汁的平民小吃，就成了独树一帜的现代料理。

Fernando's 美式汉堡
Fernando's Hamburger

食材	基本做法	分量：1 人份

材料（1）

鸡蛋	半个
吐司	半片
牛肉泥	250 克
培根碎	130 克
牛奶	10 克
帕马森奶酪丝	158 克
盐	适量
现磨黑胡椒	适量
蒜末	38 克
巴西里末	28 克
橄榄油	适量

材料（2）

汉堡面包	1 份
奶酪片	1 片
煎蛋	1 个
西红柿片	适量
洋葱丝	适量
生菜叶丝	适量

调味料

番茄酱	适量
蛋黄酱	适量
芥末酱	适量

基本做法

1. 将材料（1）的鸡蛋打成蛋汁；吐司撕成块状，备用。

2. 在盆中放入材料（1）的牛肉泥，加入培根碎、蛋汁及吐司块，放入牛奶及帕马森奶酪丝后拌匀，加入盐、黑胡椒、蒜末、巴西里末混合均匀。

3. 将做法 2 放入模具中塑形成汉堡肉（一份约 160 克）。

4. 在汉堡肉表面抹上橄榄油，放入真空机真空处理。

5. 将汉堡肉放入舒肥机，57℃烹调 30 分钟后取出。

6. 取平底锅，放入汉堡肉煎至表面金黄。

7. 对切材料（2）的汉堡面包，夹入汉堡肉与其余食材，依个人口味挤入调味料即可。

器具

汉堡肉模具
真空机
舒肥机
平底锅

汉堡肉塑形步骤图解

小贴士

1. 记得在汉堡肉表面抹上适量的橄榄油，以免舒肥后肉质变干。

2. 吐司记得去边，以免汉堡肉口感不佳。

3. 可依照个人喜好加入红甜椒丝搭配食用。

图书在版编目（CIP）数据

完美西餐：慢火烹饪事典 / 宋建良著 . —— 北京：
中国纺织出版社有限公司，2022.1
（尚锦西餐系列）
ISBN 978-7-5180-8583-5

Ⅰ. ①完… Ⅱ. ①宋… Ⅲ. ①西餐—烹饪 Ⅳ.
① TS972.118

中国版本图书馆 CIP 数据核字（2021）第 098202 号

原文书名：慢火料理圣经
原作者名：宋建良（Fernando）
© 乐木文化有限公司，2019
本书通过四川一览文化传播广告有限公司代理，经乐
木文化有限公司授权中国纺织出版社有限公司独家出版中
文简体字版本，未经出版者书面许可，不得以任何方式或
任何手段复制、转载或刊登。

著作权合同登记号：图字：01-2020-3472

责任编辑：舒文慧　　特约编辑：吕　倩
责任校对：江思飞　　责任印制：王艳丽

中国纺织出版社有限公司出版发行
地址：北京市朝阳区百子湾东里 A407 号楼　邮政编码：100124
销售电话：010—87155894　传真：010—87155801
http://www.c-textilep.com
E-mail: faxing@c-textilep.com
官方微博 http://weibo.com/2119887771
北京华联印刷有限公司印刷　各地新华书店经销
2022 年 1 月第 1 版第 1 次印刷
开本 787×1092　1/16　印张：11
字数：217 千字　定价：78.00 元

凡购本书，如有缺页、倒页、脱页，由本社图书营销中心调换